沙郡年紀

世紀之書・自然經典系列

像山一樣思考，

荒野詩人寫給我們的自然

A Sand County Almanac
and Other Writings

〔二版〕

Aldo Leopold

奧爾多・李奧帕德——著 李靜瀅——譯

初版作者序　土地的倫理和美學

有些人離開了野生生物也可以生活，有些人卻做不到。這裡的隨筆就表達了後者所感受到的欣悅與所面臨的窘境。

在文明進程開始擯棄自然環境以前，野生生物在人們眼中，就像晨風和落日一樣理所當然。現在我們面臨的問題就是：為了追求更高的生活水準，是否值得犧牲自然的、野生的、自由的萬物？只有和我一樣的少數人會認為，看到大雁給我們帶來的快樂要比看電視所得到的快樂更生動自然，尋找一朵白頭翁花的美妙情趣與言論自由一樣，都是不可剝奪的權利。

我承認，在機械化生產為我們帶來豐盛的早餐之前，在科學為我們揭示野生動植物從何而來、如何生存之前，自然環境裡的這些東西幾乎沒有多少人文價值。因此，全部矛盾就歸結為一個值得思考的問題。我們這些少數派看到了進化過程中的遞減定律，反對我們的人卻沒有看到。

人們必須根據事物的狀況調整對策。這些篇章就體現了我的對策。它們分為三部分。

第一部敘述的是，我和家人在遠離現代生活的簡陋木屋中過周末時，觀察到了什麼景象，產生了什麼感受。威斯康辛州的這個沙地農場，先是被日趨龐大與進步的社會耗盡資源，之後又遭到了拋棄。我們則試圖用鏟子和斧頭，在這座農場上重建我們在其他地方失去的東西。正是在這裡，我們進行尋找，並仍能找到上帝所賜予的美糧和無窮樂趣。

這些木屋隨筆按照月份先後排列為第一部「沙郡年紀」。

第二部「隨筆」（編按：本書編排為第二部「地景之書」，另增錄第三部「鄉野沉思」），其中細述了我生活中的一些插曲，它們讓我明白，我的同行者並非步調一致。這一逐步加深的認識過程有時是痛苦的。四十年來，我在美國大陸各個地方親身經歷的這些插曲，對於各種可被共同歸結為「自然資源保護」的議題，是很有代表性的例證。

第三部「結語」（編按：本書編排為第四部「荒野之歌」），其中提出了一些邏輯性更強的觀點，以科學合理地解釋了我們這些少數派所持有的不同觀點。只有對我們非常有認同感的讀者，才會費神思索這裡提出的具有哲學意味的問題。可以說，這些隨筆告訴了我的同行者，應該怎樣做才能恢復我們應有的步調。

自然資源保護並未取得應有的進展，因為它與亞伯拉罕式（見頁256）的土地觀念毫不相容。人們認為土地是屬於自己的商品，因此濫用土地。只有把土地視為我們所隸屬的社群，我們才有可能帶著愛與尊重來使用土地。只有通過這種途徑，土地才能在機械化時代的衝擊中倖存下來；

也只有通過這種途徑，在以科學為主導的情況下，我們才仍有可能收穫土地奉獻給人類文化的美學價值。

土地是一個社群，這是生態學的基本觀念；而土地應該得到愛與尊重，這一觀念則是倫理學的延展。土地能為人們帶來文化上的收穫是早已被廣為接受的事實，但近來卻常常被人遺忘。

這裡的文章，試圖融合以上三種觀念。

當然，關於土地與人的看法，會受到個人經歷和偏見的混淆與扭曲。然而，不論如何，有一點是毋庸置疑的：我們日趨龐大與進步的社會，如今就像患上了疑難雜症，由於時刻擔心經濟狀況是否良好，竟至失去了維持自身健康運作的能力。整個世界都如此貪婪地要求得到更多的浴缸，結果卻失去了製造這些浴缸所需的穩定性，甚至失去了關掉水龍頭的必要能力。在這種時候，最自然、最有益的行動就是，適度地放下那些已過於泛濫的物質享受。

要達到這種觀念上的轉變，我們必須重新看待自然的、野生的、自由的萬物，並對那些非自然的、被馴化的、失去自由的事物重新加以評估。

——奧爾多・李奧帕德　一九四八年三月四日於威斯康辛州麥迪遜市

再版序　寫給下一世代的土地之書

一九四八年，奧爾多．李奧帕德去世時，《沙郡年紀》還只是草稿。這些手稿由李奧帕德之子盧納進行編輯，於一九四久年成書出版。之後，李奧帕德生前從未發表的另一批隨筆和日記也由盧納加以整理，並在一九五三年以《環河》（*Round Rivers*）為標題出版。

此一新版本包括《沙郡年紀》的全部內容以及《環河》中的隨筆。文章的排列順序在此有所變更，其中的兩篇隨筆被合並在一起，旨在避免重復，並更好地呈現李奧帕德的主要觀點。重新編排之後，本書初版序言中所介紹的各個部分發生了下述變化：第二部分已被重新命名，第三部分調整為第四部分，新的第三部分主要選自《環河》。我們還修改了文本中一些有可能誤導讀者的過時引證。

很多人都曾閱讀並引用過這些文章，然而，公眾在強烈追捧「自然美」的價值時，卻遺忘了這些文章的主旨。比如在路邊種些花草進行美化，這絕非李奧帕德所理解並宣揚的人與土地之和諧。美國一方面在立法中聲稱要保護自然之美，另一方面卻計劃著在兩處極具自然價值的地方修築水壩。在科羅拉多大峽谷修水電站的提案早已呈交國會，這樣的工程最終會毀掉生機盎然的河流，大水將會淹沒這一獨特自然遺產的大部分地區。

若干年來，籌建中的項目還包括在阿拉斯加開發水電，所選位置將使太平洋沿岸的遷徙水禽因為蓄水而失去主要的繁殖地。許多個年代裡，野鴨、大雁和其他鳥類每年都要飛過華盛頓、俄勒岡和加利福尼亞，但是水壩的修建，會在瞬間消滅這些鳥中的絕大部分。當年奧爾多・李奧帕德寫下「大雁的音樂」時，這一切還都無法想像，而現在這種景況隨時都有可能降臨到我們頭上。遺憾的是，提議、擁護並實行這一計劃的美國人，會以經濟利益之由為自己的行為辯護，儘管經濟學不應成為決定性的因素，何況人們本可以尋找並採用其他可行的發電方法。

奧爾多・李奧帕德的孫輩這一代人，有的是大學校園裡的叛逆青年，有的在為社會事務工作或參加遊行，有的正在異域的土地上戰鬥。當年，奧爾多・李奧帕德對於「野生的、自由的萬物」作出了睿智的理解與雄辯的闡述，而隨著他的孫輩這一代人變得成熟，保護「野生的、自由的萬物」也到了關鍵時期。

在吸引這些年輕人注意的所有事務中，大自然所面臨的困境已然是最後的呼喚。人類對土地的冷漠態度，正在給野生的、自由的生靈帶來毀滅。要遏止對自然的破壞，最好的辦法或許就是，把弘揚土地倫理的緊迫任務托付給年輕一代。

——卡羅琳・克拉格斯頓・李奧帕德＆盧納・李奧帕德　一九六六年六月於華盛頓

導讀序　野性，蘊藏著世界的救贖

文／吳明益　國立東華大學華文系教授

一九九八年左右，我進入了生命裡第一個生態團體——「生態關懷者協會」。這個協會與其他強調自然知識，或環境抗爭的團體不同，我加入它的第一個參與活動，就是《沙郡年紀》的讀書會。當時我並不知道李奧帕德在生態論述上的地位，但第一次翻閱此書的我，被李奧帕德冷調的描寫能力，出人意表的隱喻句，以及說理時像用圓規畫同心圓似的層層遞衍的論述手法深深吸引。

在我至今的寫作生涯裡，如果要毫不矯情地說最常回頭翻閱的書，那麼包藏了一個自足宇宙的《波赫士全集》與相較之下在「厚度」上不成比例的《沙郡年紀》，該是最多的兩部作品。當我陷入思考自然的兩難議題，以至於思緒停頓之時，往往幾行的閱讀就能讓我重拾熱情。

◊　◊　◊

《沙郡年紀》的成書過程十分漫長，一開始是一九四一年亞飛諾普（Alfred A. Knopf）出版社編輯哈洛德．史特勞斯（Harold Strauss）的邀稿。在歷經數年的寫作調整後，數家出版社卻始終拒絕出版這本書，他們希望李奧帕德能修正被收羅到這本文集裡的作品和觀點（當時書名一度稱為《沼澤輓歌》*Marshland Elegy—And Other Essays*，以及《像山一樣思考及其他》*Thinking Like A Mountain—And Other Essays*）。有的編輯建議觀點應予統一，有的建議應將偶爾出現的學者口吻或道德性教誨加以調整。李奧波數次調整，至少在一九四八年前往搶救鄰居一場火災，而在途中心臟病猝逝前，他不斷嘗試將長久以來的觀察、疑惑與思考，用一種可親、乾淨，又具有想像力的語言表達出來。而就在死亡突然降臨的前幾天，他才剛得知《沙郡年紀》終於被編輯接受，準備出版。

現在多數版本的《沙郡年紀》，都和李奧帕德另一部作品《環河》（*Round Rivers*）併在一起，這便是編輯產生的化學效應。經過編輯以後的《沙郡年紀》由自然觀察漸次進入科學闡述，最後提升到哲學層次，它不再只是一本談論「無法失去野地生活的人的愉悅與兩難困境的書」，也不只是「自然所教導的快樂與悲傷的片段」，它被喻為是「保育界的聖經」、「自然寫作的經典」、「世紀之書」，而耶魯大學英文系教授塔馬其（John Tallmadge）指該書，「以極優美的散文呈現，文字簡潔，含義卻極為深刻，就像所有最好的詩歌一樣，沒有一個字是多餘的，又正如一件精雕細琢的藝術品，在外表上卻看不到一點刻痕。」更是對此書在文學上的成就，下了恰如其分的註腳。

◇ ◇ ◇

李奧帕德早年曾任職林務官，一九三三年他所寫的《可供狩獵的野生動物經營管理》（*Game Management*），在當時被視為從事野生動物經營管理工作者的典範作品。將自然生物（如狩獵與林業）與生態環境（如礦業）視為資源，到現在都還是自然資源保育論者的重要觀點，他們推動的保育價值奠基在自然是人類豐富的資源，應該「明智地」加以利用。這也是李奧帕德早年秉持的看法。但隨著他在生態學的研究與野地觀察的經驗累積，李奧帕德提出了幾點革命性的看法。

其一是「社群」的概念（The Community Concept）。李奧帕德認為必須將人視為土地國的一份子，透過整全的研究，試著去「保存生物社群的完整、穩定和美感」，才是人類與自然的相處之道。李奧帕德定義下的「土地」包括了土壤、水、植物和動物，以及它們彼此之間的流動性關係，直言之，就是一個完整的生態系。這生態系每一種生物與生態都屬於社群關係，共同組成「土地金字塔」（The Land Pyramid）。

其次，李奧帕德指出完全以經濟目的作為自然資源保護的觀點，有一個基本弱點，那就是許多生物（比方說野花和燕雀群）在人類的眼光裡頭看起來並沒有經濟價值，如此一來，它們會被輕易地犧牲。李奧帕德認為，人類有責任讓土地適應文明所改變的新環境，必須思考如何以較和緩的手段來完成期望中的改變，讓健康的環境能與人類共存。這種態度，又根源於他倡議的生態良知（Ecological Conscience）與土地美學（Land Aesthetics）。

◊　◊　◊

土地美學是李奧帕德論述裡另一個別具特色的觀點，它最大的特質即是在面對非「人工製品的美學」(Artifact Aesthetics）時，人類扮演的是感知者與鑑賞者的角色，因此靈魂得以在這裡完整地成長。荒野（Wilderness）的存在提供了我們創造感知的根源，換言之，保存荒野便是保存了「被感知對象」的野性存在。李奧帕德在書中描寫「狼眼中的綠色火燄」，訴說「閃電打在懸崖上」；「劈開一棵松樹後……一片約為十五英呎的白色木片，深深地戳入我腳邊的泥土，並立在那兒嗡嗡作響，如同一把發亮的音叉」，這類令人為之震懾的「野性之美」；也描寫了山薺這般路旁植物的「微物之美」。

野地的多樣性與人類感知的多樣性恰成正比，而且它與人工美學有極大的不同：人在自然界活動時有時感到辛苦、痛苦與傷害（比方登山、溯溪，或被野獸及蚊蟲侵擾），卻也會構成獨特的個人與群體經驗。因此每一種生物與地景的消逝，都是美學上的損失。李奧帕德說接觸自然不是「按住板機向上帝索取肉」，也不是「在樺樹皮上寫下拙劣詩句」，更不是開著車「累積哩程數」。他認為，這種方式都是將休閒建立在「戰利品」的觀念上。人類置身於自己所欣賞的對象之中，也要產生具有美學內涵的接觸，有賴於「感知能力」。感知能力的特徵是：不會消耗任何資源，也不會稀釋任何資源的價值，具有豐富感知經驗的人，相對較會去深沉思考人和自然的倫理關係。

因此，李奧帕德認為健康的生態系本身就具有美學價值，「自然美學的聲音就是保護政策或土地管理的重要聲音」。

◊ ◊ ◊

幾年後，我協助「生態關懷者協會」的陳慈美老師接待研究李奧帕德的專家——北德州大學的柯倍德教授（J. Baird Callicott），他又為我理解的李奧帕德，帶進了更深一層的體悟。隨著時代的變遷，土地倫理已不再是「聖經」，它面對新的解構生態學（The New Deconstructive Ecology）、社會生物學（Sociobiology）的挑戰，前者從更多的生物研究資料，提出一個無組織、多元而彼此不協調的組織典範（a plurality of mutually inconsistent organizing paradigm），來詮釋多變、難以預測的生態系。後者則以基因學、演化學的概念，質疑了以倫理為核心思維的李奧帕德式生態學。

更有一些學者，批判李奧帕德是「生態法西斯主義」（Ecofascism），比方說哲學家艾肯（William Aiken）和法萊（Frederick Fene）就曾經指出，如果從土地倫理的立場出發，作為人類文化的準則時，將會把個人淹沒在集體、種族、部落或國家的榮耀之下。

李奧帕德的後繼者對這些批判與新挑戰，並未一味捍衛，柯倍德就認為他的觀念若要在今日仍具有生態學上的可信度，就必需被修正，或是強化。我想這是今日重讀《沙郡年紀》的深刻意義之一——一本書的內容與讀者，應該隨著時代的改變而成長，書中不夠清晰、過往熠熠生輝的概念得以被重新思考、反省，這樣的書才堪稱經典，這樣的讀者才是經典的讀者。

當然，重讀這本書，依然讓我著迷的仍在於李奧帕德當時如何建構超越時代的思維，更特別的是，這樣的思維是透過如斯的詩意語言表現出來。

◊　◊　◊

當他提到每種生物都有內在價值或原生價值（intrinsic value or inherent value）時，他不用艱澀的哲學詞句，而是說「自從冰河時期起，每年春天，沼澤便在鶴的喧嚷聲中醒來。構成沼澤的泥炭層，位於一個古老湖泊的凹處；鶴群彷彿正站在屬於牠們自己的歷史中，那浸濕了的幾頁之上。」當他想說人類得尊重其他生物的生存權利，因為物物相關時，他會說：「我以為狼的減少意味著鹿的增加，沒有狼的地方就意味著獵人的天堂。在看了那朵綠色火焰消失之後，我才明白，這樣的觀點不論是狼還是山都不會同意。」

而當他想講述生物身上具有不可取代的美學價值時，他會說：「物質的『魂魄』（Numenon），它和『現象』（Phenomenon）正好成一對比——現象是可計算、可預測的，即使那是最遠一顆星的搖動和轉動。北方森林的魂魄是松雞，山核桃樹叢的魂魄是冠藍鴉，沼澤地的魂魄是灰噪鴉，而長滿圓柏的山麓丘陵的魂魄則是藍頭松鴉。鳥類學書籍並沒有記錄這些事實。」

這也是我向**所有讀者**，而不只是對關心生態，對自然科學、環境倫理有興趣的讀者推薦這本書的重要理由。

在我擔任野地解說，或者聆聽解說的經驗裡，許多解說員總是太過盡責地複誦鳥類圖鑑上的句子，或太多一廂情願地把道德論述沉重地壓在孩子或野地新鮮人的身上。在那時候我總想起李奧帕德，想著如果我們能在那樣的情境裡，為這些「野地的感知者」唸一段《沙郡年紀》該有多好。

無論你是父母親，或野地解說員，我相信當你在轉述李奧帕德的句子時，一定會看到聆聽者眼中有一顆星星在轉動，那將會留在他們的心底，隨著不同階段的野地經驗，帶給他們啟發與溫暖。

◇ ◇ ◇

第一個提出白蟻群體是一個有機體的科學家馬萊（Eugène N. Marais）曾這樣描述大自然的「無道德性」——「自然界從來沒有流下憐憫的淚水，就算最美麗、最善良的生物受到傷害，自然界也不會出手保護。」但他也認為，身為靈長類的我們最特別的就是，擁有觀察事物因果關係後，產生新記憶與行為模式的能力，在所有的動物裡頭，人類在這點走得最遠。即使自然界並無道德性，但人類文化裡的倫理、美學思維，仍然在人類演化史上，重新界定了人類的魂魄。李奧帕德曾將梭羅的名句「野性蘊藏著世界的保存」（In wilderness is the preservation of the world），更動了一個字，成為「野性蘊藏著世界的救贖」(In wilderness is the salvation of the world. “wilderness”這個字，帶我閱讀此書的陳慈美老師總是強調譯成野性要比野地更好。就像community她始終堅持翻譯成「社群」，因為李奧帕德強調的是群體的相互關係，而不純粹是數量上的群體而已。)「依靠野地的救贖重新界定人類的魂魄」，或許，這就是人類做為一種生物，又想超越生物本質的嚴苛考驗。

柯倍德曾在整理美國歷史上跟保育有關的決定後，發現許多案例「受到美的激勵多過責任上的期許。」(more...motivated by beauty than by duty) 他當然認為光憑「美的激勵」也不夠，因為在李奧帕德的哲學裡，土地美學、倫理責任，以及科學研究，也是一種社群關係。

純粹以自然科學的角度來思考做為一種生物的人類，我們生活在馬萊所說的冷酷無情、從未流下憐憫淚水的自然界。但人類多麼想從這樣的自然界裡重新定義自我的形象(就像我們多麼看重自己在所愛的人眼中的形象)，這從來就是一種倫理上、美學上的救贖，不是嗎？

第一部　沙郡年紀

January

一月雪融

每年，仲冬的暴風雪過後，當清冷的滴水聲在大地上響起，冰雪就會在一夜之間開始消融。不論是夜眠或是冬眠的動物，都會感受到那滴答聲帶來的奇異悸動。蜷縮在幽深洞穴裡冬眠的臭鼬，此時舒展身體，在雪地裡拖著牠的大肚皮，大膽地探索這溼漉漉的世界。在人們稱之為一年的循環中，臭鼬的足跡就標示著其中最早的事件之一。

那足跡似乎表現出對凡塵俗事的漠然，這在其他季節裡是不尋常的。足跡徑直穿過田野，彷彿牠的主人正恣意追逐著遠在天際的目標。我好奇地跟隨其後，想推斷出臭鼬的心態和胃口如何，倘若牠真有目的地，又在何方。

• • •

一年之中的一月到六月，大自然提供的消遣和娛樂是呈等比遞增的。在一月，你可以追蹤臭鼬的足跡，尋找山雀的腳環，或者看看鹿兒啃過哪些幼松的枝葉，貂又破壞了哪些麝田鼠的家，除此之外，很少有其他事情會讓你分心。在一月，能作的觀察幾乎就像白雪一般地簡單而平靜，或像寒冷一樣地持續不不變。你不只有充分的時間觀察誰做了什麼，還可以細細思索牠們為什麼要這麼做。

●　●　●

一隻田鼠在我走近時驚跳起來，踩著雪泥躐過臭鼬的足跡。牠為什麼會在大白天出來活動？或許是對冰雪的融化感到悲傷吧。此時，牠在蓬亂草叢間辛辛苦苦啃咬出來的祕密地道，已不再是隱藏於積雪之下的迷宮，而成了暴露在光天化日之下供人嘲弄的小徑。事實上，融化冰雪的太陽正在嘲笑這小小齧齒動物經濟系統中最基礎的建築。

田鼠是精明的棲息者，牠知道草的生長讓牠得以在地下儲藏乾草堆，牠知道雪的飄落讓牠得以在乾草堆之間修築通道——供給、需求和運輸就這樣完美地組合在一起。對田鼠而言，下雪意味著遠離匱乏和恐懼。

●　●　●

一隻毛足鵟在草地上空翱翔。此刻牠停止向前飛行，像翠鳥一般盤旋起來，然後如同長了羽毛的炸彈般向溼地俯衝而下。牠沒有再飛起來，因此，我確信牠已經捕捉到了某隻憂心忡忡、等不及夜晚再出來察看受損情形的田鼠工程師，正享受著牠的美味大餐。

毛足鵟並不知道草為什麼生長，但牠很清楚冰雪的消融是為了讓牠能再度抓到田鼠。牠從北極飛來，一心懷著對冰雪消融的期待，因為對牠而言，冰雪消融意味著免於匱乏和恐懼。

●●●

臭鼬的足跡延伸到樹林裡，並穿過一片林中空地，這裡的雪已經被兔子踩實，上面還留下了粉紅色的斑駁尿漬。新生的橡樹苗歷經嚴冬，冒出了枝莖。一簇簇的兔毛證明，發情的雄兔已展開本年度的第一場戰鬥。再往前走，我發現了一處血跡，周圍是貓頭鷹張翅劃過的弧形痕跡。融雪使這隻兔子免於匱乏，但也使牠掉以輕心，忘了恐懼。貓頭鷹提醒了牠：不能因為一心想著春天，就忘了謹慎。

●●●

臭鼬的足跡徑直往前，看來牠對身邊的食物不感興趣，也毫不關心鄰居們的嬉鬧或不幸。我不禁好奇牠究竟在想些什麼，又是什麼原因讓牠離開了臥眠之處？這隻肥墩墩的傢伙拖著大肚皮涉過雪泥，難道會有什麼浪漫的動機嗎？最終，足跡消失在一堆浮木之中。我聽見原木間傳來清亮的滴水聲，我想臭鼬也一定聽到了這個聲音。我轉身回家，心中仍充滿疑問。

優質橡木

如果一個人沒有自己的農場，將可能面臨兩種精神上的危險：其一是以為早餐都來自於商店，其二是以為溫暖來自於暖氣爐。

為了避免第一種危險，人們應該親手種植菜園，而且最好選在沒有商販的地方，免得把問題搞得混亂不清。

為了避免第二種危險，人們應該在壁爐的柴架上放一段優質橡木，而且屋子裡最好沒有暖氣爐，等到二月狂風暴雪搖撼屋外樹木時，再點燃這段橡木溫暖他的小腿。倘若一個人曾經伐下他自己的好橡樹、將它們劈開並搬移堆放在一處，同時讓自己的心智持續運轉的話，他必定會記得溫暖從何而來，而且會以記憶中豐富的細節，否定那些坐在暖氣爐旁過周末的城市人的看法。

• • •

此刻在我的壁爐裡燒得通紅的這段橡木，原本生長在一條早期移民走過的古道旁，那是一條順著沙丘蜿蜒而上的道路。我伐下那棵橡樹時曾經量了一下它的樹樁，直徑約為三十英寸。它有八十圈年輪，因此，當年新生的樹苗必定是在一八六五年、也就是內戰結束時，長出了第一圈年輪。不過，我從現今樹苗的生長過程得知，橡樹經過十年或更長的時間，才能長到兔子搆不著的高度，在這期間，每年冬天橡樹都會被兔子啃掉一圈的樹皮，要等到來年夏天才會重新發芽生長。很清楚的是，橡樹能倖存下來或者是由於躲過了兔子的注意，或者是由於兔子的數量不夠多。也許有一天，某位有耐心的植物學家可以繪製出橡樹生長年份的頻率曲線，這條曲線每十年出現一次隆起的波峰，乃源自於兔子每十年一次的衰減週期（正是透過物種內部和物種之間恒久的爭戰過程，動物種群和植物種群達到了共存共榮）。

因此，我的這棵橡樹在一八六〇年代中期開始長出年輪時，可能正逢兔子數量的衰減，而它的橡實早在五〇年代就已經落到地上了，那時還有篷馬車會經由我說的這條路駛向大西北。或許是由於移民人車的侵蝕使得路坡裸露，這顆獨特的橡樹種子才得以在陽光下舒展初生的嫩葉。在一千顆橡實中，只有一顆能在萌芽後長高到足以與兔子抗爭的高度，其餘的，全都消失在蒼茫的大草原了。

令人感到溫暖的是，這株橡樹逃脫了夭折的厄運，它倖存下來並吸收貯藏了八十載的六月陽光。直到我的斧頭和鋸子介入它的生長過程，這些陽光的熱量才被釋放出來，在歷經了八十次大風雪之後，溫暖著我的木屋和我的心靈。每次大風雪來臨時，我的煙囪冒出的縷縷輕煙都在向人們證明，陽光並沒有白白照耀。

我的狗並不在意溫暖從何而來，但牠熱切關注著溫暖是否迅速地到來。實際上，牠認為我有神奇的魔力能夠製造溫暖，因為我在寒冷的拂曉摸黑起床，瑟縮著蹲在壁爐前生火時，牠會討好地擠進我和爐灰上的引火木柴之間。而我不得不把點著的火柴從牠的兩腿間伸出去，才能引燃木柴。我想，牠對我的這種信任，可以使群山為之動容。

讓這棵橡樹無法繼續生長成材的是一道閃電。那是七月的一個夜晚，轟雷聲把我們從睡夢中驚醒。我們知道附近一定有哪處被閃電擊中了，不過既然沒有擊中我們，就又繼續睡覺了。人總是把自己當做檢測萬物的標準，遇到雷電時更是如此。

第二天早晨，當我們漫步在沙丘上，與金光菊和苜蓿一起感受新雨過後的喜悅時，突然看到一大片剛剛從路邊橡樹樹幹上撕扯下來的樹皮。樹幹上露出了長長的、寬約一英呎的螺旋形傷痕，白色的木質還未被太陽曬黃。第二天，橡樹的葉子就枯萎了，於是我們知道，雷電已為我們留下了超過十立方公尺的柴薪。

我們哀悼這棵老樹的逝去，但也知道它有眾多子孫後代正筆直地聳立在沙地上，接替了成材的重任。

我們把這棵老橡樹留在它已無福利用的陽光下風乾了一整年。之後，在一個清冷的冬日，我們用一把新銼好的鋸子，鋸入它有如堡壘般堅實的根部。寫滿歷史的芳香碎屑從鋸子切入的地方飛濺而出，堆滿了跪在樹旁的伐木者面前的雪地上。我們感到這兩堆鋸屑不只是木頭，它們是一個世紀完整的橫切面。鋸子來來回回、一代又一代地，切入了老樹以同心圓年輪所寫成的生涯紀事中。

• • •

鋸子拉了十二下，就鋸入我們入主農場的那幾年，在此期間我們學會了熱愛並珍惜這座農場。突然間，鋸子就進入了屬於我們前任農場主的年代。他是個私酒釀造者，他恨這座農場，榨乾了土壤最後的養分、燒掉了農舍；在他把農場連同拖欠的賦稅丟給郡縣管理之後，就和其他在經濟大蕭條時期沒有土地的人們一樣，一去不見蹤影了。但是橡樹依舊為他獻上了優等的木材；屬於他那幾年的鋸屑和屬於我們那幾年的一樣，清香、粉紅、堅實。橡樹對任何人都一視同仁。

歷經一九三六年、一九三四年、一九三三年和一九三〇年的塵暴乾旱期，這個私酒釀造者對農場的統治結束了。那些年裡，從他的酒坊蒸餾室冒出來的橡木煙，以及沼澤燃燒散發出的泥炭煙塵，必然是遮天蔽日。那時由政府頒布的一系列自然資源保護措施已開始在這片土地上推行，但鋸屑並未顯示出任何變化。

休息一下！掌鋸者喊道。於是我們停下來歇口氣。

• • •

現在，我們的鋸子切入了一九二〇年代，這是巴比特[1]的年代。

一切事物都在缺乏慎思與傲慢自負中變得更大更強，直至一九二九年股市崩盤。即或橡樹聽到了崩盤聲，它的木材也不會顯露任何跡象。同樣，它也未曾留意立法機構發布了數項保護樹木的舉措：包括一九二七年制訂的國家森林法及伐木法、一九二四年在密西西比河上游低地設立一個大保護區，以及一九二一年的新森林政策。它也未曾注意到，這個州在一九二五年失去了最後一隻貂，並在一九二三年迎來了第一隻紫翅椋鳥。

一九二二年三月，一場大雨雪折斷了鄰近每一株榆樹的樹枝，但我們的橡樹卻沒有一點兒受損的痕跡。對一棵好橡樹來說，一噸左右的冰又算得了什麼？

休息一下！掌鋸者喊道。於是我們停下來歇口氣。

• • •

現在，鋸子切入了一九一〇年至一九二〇年間，那是人們大做排水之夢的十年。在那期間，蒸汽挖土機抽乾了威斯康辛州中部的沼澤地，試圖開闢出一片片農場，結果卻只得到一堆堆灰燼。我們的沼澤逃過此劫，並非因為工程師的審慎或克制，而是因為從一九一三年到一九一六年，

1　巴比特，美國作家辛克萊．劉易斯（Sinclair Lewis）的小說《巴比特》（*Babbit*）的主人公，小說刻畫了這位一九二〇年代美國小城市的中產階級商人的形象，被視為美國中產階級和市民性格的代表。

泛濫的河水在每年四月都會淹沒這片沼澤，而且勢不可擋，或許這是大自然防禦性的反撲。橡樹則一直在生長，即使是在一九一五年，那年最高法院廢除了州有森林，州長菲利浦武斷地宣稱，「州立林業不是一項有利的商業計劃。」（這位州長從未想過，對於什麼是有利的、甚至什麼是商業的定義方式，或許不止一種。他也未曾想過，當立法機關在法規中為「有利」寫下定義時，大火正在土地上寫下另一種定義。或許，身為州長，在這類事情上必須這樣毫無疑慮。）

那十年間，在林業衰退的同時，動物保護卻取得了進展。一九一六年，外來的環頸雉[2]在瓦克夏郡成功地生存下來；一九一五年，一項聯邦法令的頒布禁止了春季狩獵；一九一三年，一座州立獵場成立了；一九一二年，〈雄鹿法令〉的頒布為雌鹿提供了保護；一九一一年，全州各地紛紛設立了「保護區」。「保護區」變成一個神聖的名詞，但是橡樹並沒有留意這些事。

休息一下！掌鋸者喊道。於是我們停下來歇口氣。

• • •

現在，我們鋸到了一九一〇年。這一年，一位偉大的大學校長出版了一本有關自然資源保

2　環頸雉原產於亞洲，一九一六年，首次被引進到威斯康辛州的沃基肖（Waukesha）郡，作為狩獵之用，之後散佈到其他許多地區。

護的著作[3]；一次嚴重的葉蜂災害使得數百萬株美國落葉松死亡；一場大旱災造成松林大面積枯死；一台大型挖泥機排乾了霍利康沼澤的水。

我們鋸到了一九〇九年。這一年，胡瓜魚首度被放養於五大湖區；由於這一年夏天多雨，州議會縮減了防治森林火災的經費。

我們鋸到了一九〇八年。這一年氣候乾旱，森林大火熊熊燃燒；威斯康辛州失去了最後一隻美洲獅。

我們鋸到了一九〇七年。這一年，一隻流浪的猞猁在尋找樂土時走錯了方向，在於丹恩郡的的農場上不幸身亡。

我們鋸到了一九〇六年。這一年，第一位州林務官正式上任；大火燒掉了幾個沙地郡縣約一萬七千英畝的林地。

我們鋸到了一九〇五年，這一年從北方飛來的一大群歌鷹吃光了當地的榛雞（毫無疑問，牠們也曾棲息在我這棵樹上，吃掉一些我的榛雞）。我們鋸到了一九〇三年和一九〇二年，這兩年

3　指威斯康辛大學前校長查爾斯．R．範海斯（Charles R. VanHise）在一九一〇年出版的《美國自然資源的保護》一書。

的冬季奇冷無比；接著一九〇一年，這一年發生了有記錄以來最嚴重的乾旱（年降雨量僅十七英寸）；然後是一九〇〇年，在這充滿希望和祈禱的百年紀年，橡樹只是和以往一樣增加了一圈年輪。

休息一下！掌鋸者喊道。於是我們停下來歇口氣。

• • •

現在，我們的鋸子切入了一八九〇年代，那些把目光轉向城市而非土地的人們所稱的此十年為快樂的年代。鋸子切入一八九九年，這一年，最後一隻旅鴿在北方邊兩個郡之外的巴布科克附近，被子彈擊中。鋸子切入一八九八年，這一年的秋天乾旱少雨，接著到來的是無雪之冬，土壤凍到了七英呎深，蘋果樹全都凍死了；一八九七年，另一個乾旱之年，又一個林業委員會成立；一八九六年，僅在斯普納村就有兩萬五千隻草原榛雞被裝船運往市場；一八九五年，森林大火再次肆虐；一八九四年，另一個乾旱之年；一八九三年，發生了「藍鶇暴風雪」，這年三月的一場暴風雪幾乎凍死了所有遷徙的藍鶇（率先飛抵的藍鶇總是在這棵橡樹上落腳，但到了九〇年代中期就見不到這種景象了）。我們切入了一八九二年，另一個森林大火之年；一八九一年，榛雞數量週期性稀少的一年。我們切入了一八九〇年，「巴布科克[4]牛奶試驗器」在這一年問世，由於有

4 斯蒂芬・穆爾頓・巴布科克（Stephen Moulton Babcock）：美國農業化學家，發現了測定牛奶含脂量的巴布科克試驗。

了這種試驗方法，半個世紀之後，州長海爾才可以誇口說威斯康辛州是美國的酪農場。如今，威斯康辛州的汽車牌照上都展示著此一他們引以為傲的特色，即使發明者巴布科克教授本人恐怕也料想不到會有這番情景。

也是在一八九〇年，歷史上陣容最龐大的松木筏沿威斯康辛河順流而下，準備為草原各州的乳牛建造一個紅色穀倉王國，我的橡樹就目睹了這一景象。這些優質松木為乳牛擋住了暴風雪，就如同優質橡木幫我抵禦了暴風雪一樣。

休息一下！掌鋸者喊道。於是我們停下來歇口氣。

• • •

現在，我們的鋸子切入了一八八〇年代。鋸子切入一八八九年，在這個乾旱之年，植樹節首次被確定下來；鋸子入切入一八八七年，威斯康辛州任命了第一批狩獵管理員；切入一八八六年，這一年農學院首次為農場主開設短期課程；切入一八八五年，「未曾有過的漫長與酷寒」揭開了這一年冬季的序幕；切入一八八三年，學院院長W．H．亨利在報告中指出，麥迪遜市的春花比平均記錄晚開了十三天；切入一八八二年，經歷了一八八一年至一八八二年間那罕有的「大雪」和酷寒之後，門多塔湖的解凍時間比以往延遲了一個月。

同樣在一八八一年，威斯康辛州農業協會為了一個問題而爭辯：「過去三十年間，全國各地出現了大量的黑橡樹次生林，對這個現象我們該怎樣如何解釋？」我的橡樹正是這些次生林中的一株。有人認為這屬於自然發生，有人則主張這是由南飛的鴿子吐落的橡實所造成的結果。

休息一下！掌鋸者喊道。於是我們停下來歇口氣。

• • •

現在，我們的鋸子切入了一八七〇年代，這是威斯康辛州瘋狂種植小麥的十年。一八七九年，某個星期一早晨，麥長蝽、雞母蟲、銹病再加上土壤沙化，終於讓威斯康辛州的農場主意識到，在種植小麥的競賽中他們耗盡了土壤的肥力，但終究不是西部原始草原的對手。我猜想我們的農場可能也參與了這場競賽，而這棵老橡樹北面的風沙，就是當初過度種植小麥所造成的後果。

也是在一八七九年，威斯康辛州開始養殖鯉魚，魁克麥草也第一次隨船從歐洲偷渡而來。一八七九年十月二十七日，六隻遷徙中的草原榛雞停棲在麥迪遜市德國衛理公會教堂的屋頂，俯瞰這座成長中的城市。十一月八日，有報導稱，麥迪遜市場上堆滿了鴨子，每隻僅售十美分。

一八七八年，一名來自索克拉皮茲城的獵鹿人極富遠見地評論道：「今後獵人的數量將比鹿還多。」

一八七七年九月十日，在馬斯基戈湖持槍狩獵的兄弟兩人，一天之內就獵殺了兩百一十隻藍翅鴨。

一八七六年，記錄中最潮溼的一年，降雨量達五十英寸。這一年草原榛雞的數量減少，或許正是由於連降大雨所致。

一八七五年，四名獵人在往東一個郡以外的約克大草原上，獵殺了一百五十三隻草原榛雞。這一年，美國漁業委員會在這棵橡樹以南十英哩之外的德弗爾斯湖中，放養了大西洋鮭魚。

一八七四年，首批由工廠製造的帶刺鐵絲網被釘到橡樹上。但願我們正在切鋸的這棵橡樹沒有被嵌入此類人工製品！

一八七三年，在芝加哥僅僅一家公司就收購並賣出了兩萬五千隻草原榛雞。芝加哥總共銷售了六十萬隻草原榛雞，價格是每打三點二五美元。

一八七二年，在西南方兩個郡之外，威斯康辛州最後一隻野生火雞被殺。

可以說，七〇年代這十年既終結了拓荒者種植小麥的狂熱夢想，同時也結束了拓荒者的鴿血狂歡宴會。據估計，一八七一年，在這棵橡樹往西北方向延伸五十英哩的三角區域內，曾有大約一億三千六百萬隻鴿子築巢，有幾隻可能就把巢築在了這棵橡樹上，因為它那時是一棵二十英呎高的、茂盛生長的小樹。成群的獵鴿者拿著獵網和獵槍、棍棒和鹽磚來捕殺鴿子，一列列車廂滿載著未來的鴿肉餡餅，不斷駛向南方或東方的城市。那是鴿子最後一次在威斯康辛州大規模築巢，此後，這種大規模築巢在其他任何一個州幾乎都再未出現過。

一八七一年也呈現出帝國發展的其他證據：佩什蒂戈大火燒光了幾個郡的草木，留下一片焦土；而芝加哥大火據說是一頭乳牛發怒後的一踢所致。

一八七〇年，草原田鼠已上演了牠們的帝國進行曲，牠們啃完了這個年輕的州裡的新生果樹，然後死去。不過牠們並沒有吃掉我的橡樹，那時這棵樹的樹皮對田鼠來說已經太厚太硬了。同樣在一八七〇年，一名專業獵人在《美國運動家》雜誌上誇耀說，在一個狩獵季節裡，他在芝加哥附近就獵殺了六千隻鴨子。

休息一下！掌鋸者喊道。於是我們停下來歇口氣。

• • •

現在，我們的鋸子切入一八六〇年代。那時，成千上萬的人為了解決這個問題而死：人與人組成的社群是否會輕易解體？[5]他們解決了這一個問題，然而，不論是他們抑或是今日的我們都並未意識到，這一個問題也同樣適用於人與土地所組成的社群之中。

5 此處指美國南北戰爭。

這十年也不乏對這問題更廣義的探究。一八六七年，英克里斯．拉帕姆[6]勸導州園藝學會提供獎金獎勵植樹造林。一八六六年，威斯康辛州最後一頭原生加拿大馬鹿被殺。鋸子現在鋸到了一八六五年，這一年我們這棵橡樹長出了髓心。這一年，約翰．繆爾[7]打算從他兄弟那裡買一塊地來保護野花，因為野花在他的年輕時代為他留下了溫馨的回憶。繆爾的兄弟在這棵橡樹以東三十英哩處擁有一座家庭農場，雖然他拒絕讓出這塊土地，但卻無法制止繆爾產生這樣的想法——在威斯康辛州的歷史上，一八六五年是人們對自然的、野生的、自由的生靈，最初產生悲憫之心的一年。

我們已經鋸入了樹心。此刻，鋸子在歷史的年輪上逆轉了方向。在回溯了那些年代之後，我們開始朝向外側鋸入樹幹的另一邊。最後，巨大的樹幹顫抖了一下，鋸縫突然變寬。鋸木者迅速拉出鋸子，向後跳到安全的地方。所有的人都大喊著：「樹倒啦！」我的橡樹開始傾斜、吱嘎作響，最後伴隨著震撼大地的聲音轟然倒下，躺臥在曾經賦予它生命的移民古道上。

•　•　•

接下來的工作就是把樹劈成木材。大錘鏗鏘有聲地砸在鐵楔子上，一段段豎立起來的樹幹被

6　英克里斯．拉帕姆（Increase A. Lapham），美國地質學家。
7　約翰．繆爾（John Muir），美國著名博物學者和探險家，被稱為「國家公園之父」，代表作有《加利福尼亞的群山》（1894）、《我們的國家公園》（1901）等。

逐一劈開，變成帶著濃郁芳香的木塊堆積在路旁。

對歷史學家來說，鋸子、楔子和斧頭的不同功能，充滿了寓意。

鋸子只能橫切過各個年代，而且必須按順序一年一年地切進去。鋸齒會從每個年份抽出細小的碎屑，一小堆一小堆地聚積起來，伐木者稱之為鋸屑，歷史學家稱之為史料。伐木者和歷史學家都是根據樣本外在的顯著特性，來判斷事物的內在本質。直到鋸子完全橫切過樹身，這棵樹倒下後，它的殘株才得以展現出一個世紀的全貌。樹倒下後，證實了那被稱之為「歷史」的大雜燴彼此之間的連貫性。

另一方面，劈入木頭的楔子只會造成放射狀的裂口，每個裂口或者能讓你縱覽所有的年代，或者什麼也無法向你呈現。這取決於楔入位置的選擇技術（如果沒有把握，最好是讓那段樹幹乾燥一年，直至它自己出現裂縫。許多輕率急躁敲入的楔子選錯了楔入點，陷入了劈不開的木材斜紋裡，只好被留在木頭裡等著生銹了）。

斧頭則只能朝年輪的對角線斜砍，而且只能砍中樹身外圍的近期年輪。斧頭的獨特功能是砍掉枝杈，在這方面鋸子和楔子都派不上用場。

對於優質的橡木和完整的歷史而言，這三項工具都是必不可少的。

・・・

在我思索這些事情時，水壺正在爐火上唱歌，而優質橡木已在白色灰燼上燒成了通紅的木炭。春天來臨時，我將把這些灰燼歸還給沙丘腳下的果園。它們將再一次回到我身邊，那時它們或許變成了紅蘋果，或許變成了一隻十月胖松鼠的進取精神，牠正一心一意地播種橡實，儘管牠自己並不知其原委。

March

大雁歸來

獨燕不成春。但是，在三月雪融時，當一群大雁衝破晦暗的天空，春天就來到了。

一隻在雪融時高唱春之歌的主紅雀，如果很快發現自己搞錯了，只要重歸冬日的沉寂就可以糾正錯誤。一隻鑽出來想曬曬太陽的花鼠，如果發現自己遇到的是暴風雪，只要鑽回洞裡睡覺就行了。但是一隻遷徙的大雁為了尋找湖面上解凍的缺口，要以生命為賭注，在黑暗中飛過長達兩百英哩的路程，因此是沒有機會輕易撤退的。伴隨著大雁的，是破釜沉舟的先知所具有的堅定信念。

只有那些不曾抬頭仰望天空，不曾側耳傾聽雁鳴的人，才會認為三月的早晨是如此單調乏味。我曾經認識一位佩戴著美國大學優等生榮譽標誌、頗有教養的女士，她告訴我說，她從未注意到大雁飛過，也從未聽過雁鳴。然而，在她那隔音效果良好的屋頂上方，大雁每年都會進行兩次季節更迭的宣告。難道教育的過程，是將自身的覺察力用來交換一些不值一文的東西？如果大雁也做了這種交換，牠就只會變成一堆羽毛了。

那些向我們的農場宣告季節更迭的大雁知道很多事情，包括威斯康辛州的法規。十一月南飛的雁群高高地從我們頭頂的天空迅速掠過，遇到牠們喜愛的沙洲和沼澤時，也幾乎不會發出一聲鳴叫。人們用「像烏鴉一樣飛行」來形容直線運動，但是烏鴉與這些大雁相比未免相形見絀。大雁徑直飛向此地以南二十英哩外的第一個大湖，在那裡，牠們白天在寬廣的湖面遊蕩，夜晚則到剛剛收割的玉米地裡偷食殘株上的玉米粒。十一月的大雁知道，從日出到日落，在每片沼澤和每個池塘附近，到處都埋伏著等待獵物的槍手。

三月的大雁則不同。儘管牠們遭到大號鉛彈轟擊的翼尖證明了牠們整個冬天屢遭獵槍襲擊，但牠們知道春天的休戰期已經到來。牠們順著蜿蜒曲折的U型河道低空飛行，掠過現在已經沒有獵槍的岬角和小島，像面對久別重逢的老友一樣對著每片沙洲急促地低鳴。牠們在沼澤和草地低空穿梭，向每個新融化的水窪和池塘問好。最後，在我們的沼澤上空試探性地盤旋幾圈之後，牠們張開翅膀，黑色的雙腳放低，白色的尾翼映襯著遠方的山丘，靜靜地滑翔到池塘上。剛一觸及水面，這些新光臨的客人們就大聲鳴唱著濺起水花，讓那些脆弱的香蒲也抖落了最後的冬日思緒。我們的大雁又回家了！

每年此時，我總希望自己是隻麝田鼠，就可以饒有興致地在沼澤深處打量這一切了。

第一批大雁飛抵後，會以歡快的鳴叫著對每一群遷徙的大雁發出邀請。於是，幾天之後，沼

澤裡到處都是大雁的身影。在我們的農場上，我們根據兩個標準來衡量每年春天的富足程度，一是我們種植的松樹數量，一是在此棲留的大雁數量。我們的最高記錄出現在一九四六年四月十一日，共計有六百四十二隻大雁。

和秋天時一樣，春天的大雁每天都會造訪玉米地，不過不必在夜晚偷偷摸摸地飛出去，而是在白天喧鬧著成群飛向玉米殘株再飛回來。每次出發前，牠們都要高聲辯論哪裡的食物最美味，返回時，爭論聲則更加響亮。歸來的雁群一旦徹底放鬆，就不會再試探性地在我們的沼澤上盤旋，而是像飄落的楓葉一般、忽左忽右地滑翔著從空中直落下來，叉開雙腳衝向下方歡叫著的同伴。我猜想，牠們接下來的喋喋不休都是在評論晚餐的品質。牠們享用的玉米殘粒在冬天時被積雪覆蓋，因此沒有被覓食的烏鴉、棉尾兔、田鼠和雉雞捷足先登。

一個清楚的事實是，大雁所選擇的玉米殘株，通常都分布在從前的草原上。沒有人知道，這種對於草原玉米的偏好，究竟是反映了這種玉米具有更高的營養價值，還是反應了從草原時代的祖先那裡代代相傳下來的古老傳統。或許這僅僅反應了一個簡單的事實：草原玉米地的面積總是很大。如果我能聽懂牠們每天向玉米地出發前後喧囂震天的爭論，大概立刻就會明白牠們為什麼偏愛草原玉米。不過我聽不懂這些爭論，因此，一切仍是個謎。這倒讓我很開心。如果我們洞悉了大雁的一切，世界將是多麼乏味無趣啊！

這樣觀察一群春雁每天的活動時，我們注意到數量眾多、飛來飛去不停鳴叫的孤雁。牠們的叫聲很容易讓人認為是憂傷的悲鳴，並冒然得出結論說，牠們是在為失去的伴侶傷心，或者是母雁正在尋找失散的子雁。然而，有經驗的鳥類學家認為，對鳥類行為的這種主觀詮釋並不可靠。長期以來，我對這個問題一直試圖保持開放的心態。

我和我的學生對構成雁群的大雁數量進行了六年的觀察後，意外地發現了孤雁出現的原因。根據數學分析的結果，構成雁群的大雁數目通常是六或六的倍數，這遠遠不是單純的巧合。換句話說，雁群是由一個家庭或一些家庭組成的，而春天出現孤雁的原因，或許恰巧符合我們最初提出的那種多情的想像。這些孤雁是冬季狩獵的倖存者，此時正徒勞地尋找已遭獵殺的親人。現在，我已有理由和這些孤單鳴叫的大雁一同悲戚，並為它們感到哀傷了。

枯燥乏味的數學竟能證實愛鳥者的傷感是合乎情理的，這樣的情況並不多見。

四月的夜晚，當天氣轉暖可以在戶外閒坐時，我們總愛傾聽雁群在沼澤中的集會。很長一段時間雁群是靜悄悄的，能聽到的只有田鷸振動翅膀的聲音，遠處一隻貓頭鷹低沉的叫聲，或是某隻多情的秧雞帶鼻音的咯咯聲。隨後，一聲高亢的雁鳴突然響起，頃刻間引起無比喧囂的回音。大雁的翼尖拍擊水面，腳蹼奮力划動，黑色的雁頭猶如船隻般破浪前進，與此同時還有旁觀者激烈爭執的叫喊聲。最後，一隻雁用深沉的聲音進行了決定性的發言，喧鬧聲隨之平息，變成了群雁之間不停歇的竊竊私語。此時，我再一次希望自己是隻麝田鼠。

當白頭翁花盛開時，我們的雁群集會就變少了。五月來臨前，我們的沼澤已再次變成一片長滿了綠草的溼地，只有白眉歌鶇和秧雞為它帶來一些生機。

• • •

歷史的一則諷刺就是，那些大國直到一九四三年才在開羅會議上發現，各國應該作為一個整體聯合為一。然而世間的大雁很早以前就有了這種觀念，每年三月，牠們都會以生命為賭注來證明此一基本真理。

最初，只有冰原這一個聯合體。隨之而來的是三月雪融的統一，然後是無國界之分的雁群聯合一致向北遷移。自從更新世[8]以來，從中國海到西伯利亞大草原，從幼發拉底河到伏爾加河，從尼恩到莫曼斯克，從林肯郡到斯匹茲卑爾根群島，每年三月，雁群都要鳴響聯合的號角。自從更新世以來，從柯里塔克到拉布拉多，從瑪塔慕斯基特到昂加瓦灣，從荷斯休湖到哈得遜灣，從艾佛利島到巴芬島，從潘漢德爾到馬肯吉灣，從薩克拉門多河到育康河，每年三月，雁群都要鳴響聯合的號角。

8　更新世：也稱為洪積世和冰川世，地質年代名稱。258,000-11,700年前。

藉由雁群的跨國往來，伊利諾斯州田地中殘留的玉米粒穿過了雲層被帶到北極苔原，在那裡，牠們和六月永晝的陽光一起為兩地間的所有土地哺育小雁。而在這一年一度以食物換取陽光、以冬日溫暖換取夏日寂寞的過程中，整個大陸獲得的淨利潤，是一首從晦暗的天空降落到三月泥沼之上的荒野詩篇。

April

河水高漲

就如同大河總是流經大城市，春天的洪水有時會把價值較低的農場圍困起來。我們的農場正屬此列，因此，四月份我們來到農場時，有時就會被洪水困住。

不需刻意推算，人們也可以根據天氣預報，大致預測北方的雪將在什麼時候融化，也能估計出再過多少天洪水就會泛濫至河流上游的城市。於是，到了星期天的傍晚時分，本應返回城裡上班的人們卻暫時回不去了。漫湧的河水因為破壞了星期一早上的約會，向人們傾吐著同情的慰問，聽起來是如此溫柔！大雁們在巡視一片又一片逐漸變成湖沼的玉米地時，鳴叫聲又是那麼深沉與自負！每隔幾百碼，就會有某隻新來的大雁用力拍動翅膀，盡力地率領牠的梯隊在早晨巡視這一片新的水世界。

大雁對洪水的熱情很微妙，而且容易被那些不熟悉大雁饒舌聲的人們忽視。但鯉魚的熱情卻是顯而易見不會弄錯的。湧來的洪水剛剛淹沒草的根部，鯉魚就出現了。牠們就像被放到草地上的豬一樣，興致勃勃地在水裡翻滾覓食；牠們晃動著紅色的尾巴和黃色的肚皮，在馬車車轍和牛隻走過的小路上巡航；牠們穿梭於蘆葦和灌木叢中，急於探索這對牠們來說正在擴展的宇宙。

與大雁和鯉魚不同，陸上棲息的鳥類和哺乳動物是以哲學家的超然態度來迎接潮水的。一隻主紅雀站在一株紅樺上，高聲啼叫宣告下面是牠的領地，但除了那棵樹，你什麼也沒看到。一隻披肩榛雞在洪水漫過的樹林裡發出敲鼓似的振翅聲，牠一定是棲息在最高樹木枝幹的頂端。田鼠以小型麝田鼠冷靜與審慎，游向突出水面的高地。果園裡蹦出了一隻鹿，潮水把牠從白天柳樹叢中的睡床裡趕了出來。到處都是兔子，牠們平靜地接受了把我們的山丘一角當做臨時住所，既然諾亞不在場，這兒就成了牠們的方舟。

春潮帶給我們的不僅是刺激的冒險，也會帶來上游農場漂流而下的、各種令人意想不到的東西。對我們來說，一塊擱淺在草地上的舊木板，和剛離開伐木場時相比，價值已經倍增。每塊舊木板都有它自己獨特的經歷，這經歷無法為人確知，但是從木材的種類、尺寸、上面的釘子、螺絲、油漆，以及木材是否經過精細加工或拋光、有無磨損或腐爛等等，人們總可以或多或少地猜測出它的過去。人們甚至可以從其邊緣和末端在沙洲上磨損的程度，來揣度它在過去的年份裡經歷過多少次洪水的裹挾。

我們的木材堆完全是從河流中搜集來的。因此，它不僅是極有特色的收藏，也是上游農場和森林裡人們努力奮鬥的歷史紀實。一塊舊木板的自傳是學校裡未曾教過的文學，但河岸邊的任何一座農場都是一座傳記圖書館，拿鐵錘和拿鋸子的人都可在此隨興閱讀。河流高漲時，河岸上總會增加幾本新書。

●　●　●

孤獨有不同的程度和種類。湖中的一座島嶼代表一種孤獨，但湖上有船，也就總有客人登島造訪的可能；一座高聳入雲的山峰是另一種孤獨，但多數山峰都有小徑，也就會有遊人。我不知道還有哪種孤獨可以與被春潮困守相提並論。大雁也不知道，雖然和我相比，牠們經歷過更多種類、不同程度的寂寞。

於是，我們坐在山丘上剛剛綻放的白頭翁花旁，望著大雁飛過，我看到我們所走的路徑慢慢地沒入水中。我內心喜悅而外表超然地評斷，至少在這一天，交通進出的問題，只有鯉魚才有資格談論。

山薺

從現在開始，在幾個星期之內，山薺——開花植物中花朵最小的一種——就會以它微小的花朵妝點每片沙地。

對春天的來臨充滿期盼而抬眼仰視的人，從不會注意到山薺這樣渺小的植物。對春天的來臨不抱希望而雙眼低垂的人，就算踩在山薺上也毫無知覺。只有趴在泥土裡尋找春天的人，才會發現山薺開得到處都是。

山薺所要求和得到的，不過是微乎其微的溫暖和舒適。它的生存依靠的是沒人在乎的時間和空間。植物學書籍會給它留下兩三行的位置，但從不會為它附上插圖或照片。貧瘠的沙土和微弱的陽光無法讓植物綻放出更大更好的花朵，然而這些對山薺來說已經足夠。畢竟，山薺算不上春之花，而僅僅是對希望的一個註腳。

山薺無法撥動人們的心弦。就算有香氣，也消失在陣陣風中了。它的顏色是樸素的白色，葉子上覆蓋著一層可見的絨毛。它太小了，不足以成為食物，也不足以成為詩人歌詠的對象。植物學家曾給它取過拉丁文的學名，但之後就把它忘了。總之，它無足輕重，只是一種迅速而有效地完成自身使命的微小植物。

大果櫟

當學校裡的孩子票選州鳥、州花或州樹時，他們並不是在做決定；他們只是在對歷史進行認可。因此，當大草原的草率先占據了南威斯康辛地區時，歷史便讓大果櫟成了這裡的特色樹種。因為它是唯一能勇敢面對草原大火並且存活下來的樹種。

你可曾感到疑惑，為什麼整株大果櫟都裹著又厚又結實的柔韌樹皮，連最小的枝條也不例外？這層樹皮其實是一副盔甲。大果櫟是亟欲擴張勢力的森林派遣前往攻擊草原的突擊隊，它們必須和大火對陣。每年四月，在新生青草尚未及為整個草原覆蓋上不怕火的綠色裝束之前，野火已在土地上四處竄燒，能倖存下來的只有那些樹皮已經長得夠厚、不會被燒焦的老樹，這些樹大多是大果櫟。拓荒者所說的「大果櫟空地」，就是由這些間距較大的零散老樹組成的小片樹林。

工程師並未發現隔熱材料，他們只是從這些征戰草原的老兵身上學到了如何製作這種材料。植物學家可以研究這場持續了兩萬年的戰爭，有關戰爭的記載包括埋藏在泥炭中的花粉顆粒，還有被扣押在後方並被遺忘在那兒的孑遺植物。記載顯示出，森林的前線幾乎曾經撤退到蘇必略湖，也曾向南方大舉推進。森林一度向南推進得如此之遠，結果在威斯康辛州南部邊界甚至更遠的地方，都出現了雲杉和其他一些擔任後衛角色的樹種。在這一區域，所有泥炭沼澤的某一層中都出現了雲杉的花粉。不過一般來說，草原和森林之間的戰線與今日大致相同，戰爭的最終結果是勝負難分的平局。

之所以會出現這樣的結果，原因之一就是：有些盟友先支持這一方，然後又轉向支持另一方。於是，兔子和田鼠在夏天掃蕩了整個草原的青草，到了冬天則又環剝大火後倖存的橡樹幼苗的樹皮；松鼠在秋天散播橡實，但在其他季節裡又吃光了這些種子；金龜子在幼蟲期會破壞草原的草皮，一旦成蟲則攻擊橡樹使其樹葉枯死。由於這些盟友左右搖擺的立場，勝利也難有歸屬，但若非如此，我們今天在地圖上就看不到這樣一幅斑斕多彩、極具裝飾性的草原與森林馬賽克拼圖了。

對於大拓荒前的草原邊界，喬納森・卡弗[9]曾給我們留下了一段生動的描述。一七六三年十月十日，他造訪了藍丘，即丹恩郡西南角上現今已被森林覆蓋的一群高山。他寫道：

我登上最高的山峰之一，遠眺廣闊的鄉野。在綿延數英哩的範圍內，除了一些低矮的群山以外什麼也看不到。遠遠望去，這些光禿禿的山就像一個個乾草堆，只有一些山核桃樹和顯眼的橡樹覆蓋著一些山谷。

一八四〇年代，一種新來的動物——人類拓荒者——介入了這場草原戰爭。儘管他們並非刻意參戰，只是開墾出夠多的田地，因而使得草原失去了它最古老的盟友——火。於是，大批橡樹幼苗輕而易舉地越過草原，曾經是大草原的地區變成了種植林木的農場。如果你對這個故事有所懷疑，可以到威斯康辛州西南方任何一個「山脊」林場上，數一數樹樁上的年輪。除了最老的樹以外，所有樹木的年代都可上溯到一八五〇和六〇年代，正是從這個時期開始，草原大火不再燃燒。

在這一時期，新生的樹林戰勝了古老的草原，橡樹林中的空地被一叢叢的樹苗侵吞。約翰・繆爾正是這期間在馬凱特郡長大的，他在《童年與青少年》一書中回憶道：

9　喬納森・卡弗（Jonathan Carver, 1732-1780），美國旅行家。

在伊利諾州和威斯康辛大草原一樣肥沃的土壤上，生長著稠密而高大的野草供火燃燒，以致樹木難以在草原上生存。如果沒有火，成為此地最大特色的茂盛草原就會被濃密的樹林覆蓋。一旦橡樹林空地被開墾了，農場主人便會防止草原大火的延燒，於是小樹生根長大並形成難以穿行的茂密樹林，那些沐浴著陽光的大果櫟空地，也就消失無蹤了。

因此，擁有一棵大果櫟的人不只擁有一棵樹。他擁有的是一座史料圖書館，以及在演化劇場中的保留貴賓席。對於具有洞察力的人而言，他的農場處處貼滿了草原戰爭的徽章和標誌。

空中之舞

擁有這座農場兩年之後我才發現，四月和五月的每個黃昏，在我的樹林上空都會上演空中之舞。自從有了這一發現之後，我和家人就不願錯過任何一次演出。

在四月第一個溫暖的傍晚，6:50表演準時開場。此後每天，帷幕拉開的時間都要比前一天晚一分鐘，一直到六月一日，那天的表演將於7:50開始。這一有規律的變化是由虛榮心造成的，因為舞者要求精準的0.05英呎燭光[10]的光線，以保持浪漫效果。觀眾不可遲到並且要安靜入坐等候，否則舞者就會怒氣沖沖地飛走。

10 英呎燭光：光照度單位，現罕用。

舞台道具也和開場時間一樣，反映出表演者的挑剔。舞台必須是林中或灌木叢中開闊的圓形劇場，中心必須有一處長著苔蘚的地方、一片寸草不生的沙地、一塊光禿禿露出地面的岩石，或者一條空曠的小路。雄丘鷸為什麼如此堅持在空曠的地方表演？最初這讓我感到迷惑，不過現在我認為原因在於牠的腿。丘鷸的腿很短，要在濃密的草叢或雜草裡昂首闊步，恐怕沒有優勢，也無法贏得心儀女士的歡心。大多數農場上的丘鷸都沒有我這裡多，就是因為我這裡有很多長著苔蘚的沙地，這些沙地太貧瘠了，長不出草。

知道了時間和地點後，你坐到舞台東面的灌木叢下等待，在夕陽映照下守望丘鷸的到來。牠從鄰近的某個樹叢低低飛來，落在光禿禿的苔蘚地上，隨即就奏響了演出的序曲。這是每隔兩秒鐘發出的一段「ㄆㄧㄣ・ㄘ」聲，聽起來古怪沙啞，很像夏天裡夜鷹的叫聲。

「ㄆㄧㄣ・ㄘ」的聲音突然停止了，這隻鳥拍動翅膀，繞著大圈飛起來，並發出富有音樂感的啁啾聲。牠越飛越高，盤旋的幅度越來越陡、越來越小，歌唱的聲音則越來越大聲，直到觀眾只能看到空中的一個小點。然後毫無預警地，牠像一架受損的飛機般直墜而下，一面發出婉轉柔和的顫音，這種曼妙的啼囀聲就連善鳴的三月藍鶇也要羨慕。在離地幾英呎的地方牠又開始平飛，落回到牠奏響序曲的地方，而且通常絲毫不差地落在牠開始表演的那一地點，並重新發出「ㄆㄧㄣ・ㄘ」的聲音。

天色很快就暗下來，你無法再看清地面上的丘鷸，但還可以連續一小時繼續觀看牠在空中的飛翔。演出通常持續一小時，在有月光的夜晚，牠可能會休息一會兒再繼續，直到月光消失。

天亮時，整個演出的過程又會重覆一次。在四月初，演出的落幕時間是清晨5:15，之後每天都要提前兩分鐘落幕，直至六月，那一年最後一場表演會在凌晨3:15結束。為何開場和結束的時間會這樣悄悄移動呢？哎，我想即使浪漫也有疲乏的時候，因為結束黎明之舞時的光線，只有啟動傍晚空中之舞時所需光線的五分之一。

• • •

不論人們如何專注地研究樹林與草地中上演的數百種小型戲劇，都無法完全了解任何一齣戲的所有重要事實，這或許是一種幸運。關於空中之舞，我仍不清楚的是：表演者心儀的那位女士在哪兒？如果她也參與演出，她會扮演怎樣的角色？在丘鷸奏響「ㄆㄧㄣ．ㄘ」舞曲的地面上，我常看見兩隻丘鷸同時出現，牠們有時還會一起飛翔，但我從未見過兩隻丘鷸一起發出「ㄆㄧㄣ．ㄘ」的聲音。第二隻鳥究竟是雌鳥，還是與之競爭的雄鳥呢？

另一件令人不解的事情是：那動聽的啁啾聲究竟是鳥兒的聲帶發出來的，還是某種機械性摩擦的聲音？我的朋友比爾．菲尼曾經用網扣住了一隻正在發出「ㄆㄧㄣ．ㄘ」聲的丘鷸，並除去了牠翅膀最外緣的初級飛羽。之後這隻鳥仍能發出「ㄆㄧㄣ．ㄘ」聲和啼囀顫音，但卻不再發出啁啾聲了。不過，只做一次實驗是不足以得出結論的。

還有一件未知的事：雄丘鷸的空中之舞會持續到築巢的哪個階段？有一次，我女兒看到一隻丘鷸在距離鳥巢二十碼之內的地方發出「ㄆㄧㄣ．ㄘ」聲，鳥巢中有已經孵化的蛋殼。但這是牠伴侶的窩嗎？或者這是隻風流的雄鳥，在人們尚未察覺時就已犯下了重婚罪？這些問題和很多其他疑問，在暮色漸深的黃昏中成了神祕的謎團。

空中之舞的戲劇每晚在數百個農場上演，農場主人卻嘆息說缺乏娛樂，他們以為可供消遣的娛樂只有在劇院裡才能找到。他們住在這塊土地上，卻不懂得如何和這塊土地一起生活。

對於獵禽的作用只不過狩獵時的靶子、或者是被人優雅地擺放在一片烤麵包上的說法，丘鷸是一個活生生加以駁斥的例子。沒有人比我更想在十月獵捕丘鷸，但是自從發現了空中之舞後，我開始認為捕一、兩隻丘鷸已經夠多了。我必須確定：在四月來臨時，黃昏的天空中不會缺少舞者的身影。

May

從阿根廷歸來

當蒲公英在威斯康辛州的牧場為五月打上記號時，我們就該傾聽那為春日作最後見證的聲音了。在草叢中坐下，向天空豎起耳朵，不要理會草地鷚和白眉歌鶇的喧囂，很快你就會聽到高原鷸的飛行之歌，牠們剛剛從阿根廷歸來。

如果你的眼力夠好，你抬頭搜尋天空，就能看到高原鷸搧動著翅膀在羊毛般的雲朵間盤旋。如果你眼力不佳，也不需勉強，你只要盯著籬笆樁就行了。很快就會有一道銀光告訴你高原鷸棲息在哪根樁子上，正收攏起牠長長的翅膀。發明「優雅」一詞的人，必曾見過高原鷸收攏翅膀的模樣。

牠坐在那兒。牠的存在向你表明：你的下一步行動是從牠的領地退出去。官方文件或許可以證明你擁有這片牧場，但高原鷸可以輕鬆地否定這些枝微末節的法律。牠剛剛飛越四千英哩，來此重申牠從印第安人那裡獲得的權利，因此，在幼鷸展翅飛翔之前，這座牧場都歸牠所有，任何擅入者都將招致牠的抗議。

在附近某處，雌鷸正在孵四顆尖頭的大鳥蛋，不久，四隻孵出後就能自己覓食的雛鳥便會破殼而出。牠們的絨毛一乾，立刻就像踩著高蹺的田鼠一般蹦跳著穿過草地，完全可以躲過笨手笨腳想抓住牠們的人。破殼三十天後，牠們就完全長大了，這種發育速度是其他任何鳥類都無法相比的。到了八月，牠們已經從飛行學校畢業。於是，在涼爽的八月夜晚，你能聽到牠們歡叫著發出飛往南美大草原的信號。牠們將再次證明美洲歷史悠遠的整體性。南北半球的團結一致對政客來說是新鮮的概念，但對這些長著羽毛的空中艦隊來說卻一點兒也不稀奇。

高原鷸可以輕鬆地適應變成農場的鄉野。牠們跟隨著草原上黑白相雜的水牛，發現這些取代了棕色野牛的牛群是可以接受的動物。牠們在乾草堆上和牧場裡築巢，不過和笨拙的雉雞不同，牠們不會被困在割草機裡。在乾草即將收割之前，幼鷸已經羽翼豐滿，展翅飛離此地。在鄉間農場上，牠們只有兩個真正的敵人：人工溝渠和排水溝。或許有一天，我們會發現這些東西也是我們的敵人。

在廿世紀初期，威斯康辛的農場幾乎失去了自古以來就有的報時器。五月農場靜悄悄地轉綠，八月的夜晚也沒有鳥鳴聲告訴人們秋日將至。普及世界的火藥，以及後維多利亞時代宴會上鷸肉土司的誘惑，曾造成鳥類的巨大傷亡。聯邦候鳥法案的保護姍姍來遲，但總還算是一個及時的補救措施。

June

釣魚田園詩

我們發現溪水的主流不深，因為搖搖擺擺的田鷸正在去年鱒魚激起漣漪的地方，拍噠拍噠地疾走。水很暖和，我們潛到最深的水潭也不會冷得尖叫。即使在涼涼快快地游泳之後，腳下的防水靴仍然燙得像是陽光下的熱焦油紙。

這個傍晚的垂釣結果，正如事前的種種預兆般令人失望。我們向溪流要鱒魚，牠給我們的卻是鯉魚。那晚我們坐在驅蚊的薰煙灰堆旁，討論著第二天的行動計劃。我們已經忍著炎熱在塵土飛揚的路上走了兩百英哩，滿心希望能再次感受河鱒或虹鱒猛拉釣線。然而，溪裡沒有鱒魚。

不過，我們想起來了，這條溪流有好幾個支流。在上游的源頭附近，我們曾看到過一個又窄又深的叉口，清冷的泉水從四周緊密環繞的赤楊叢裡汩汩流出，注入河中。在這樣的天氣，一條有自尊的鱒魚會做什麼呢？正和我們一樣：到上游去。

第二天清早，當上百隻白喉林鶯忘了天氣已不再涼爽怡人時，我爬下滿是露水的河岸，進入赤楊林叉口。一條鱒魚正逆流而上。我拋出一段釣線，祈禱著釣線能一直保持這樣柔軟乾燥的狀

態。虛拋一兩次測度距離之後，我在這隻鱒魚最後一次打旋的上方一英呎處，準確地投下一隻奄奄一息的小蟲作魚餌。此刻，炎熱的路程、討厭的蚊子、不太光彩的鯉魚，都被拋到了腦後。鱒魚大口吞下了魚餌。沒過一會兒，我就聽到牠在我大魚簍底部鋪著的赤楊溼葉上不停地撲騰。

這時，另一條更大的鱒魚出現在前方水面。此處可稱作鱒魚的航程起點，因為它的頂端就是一片稠密的赤楊叢了。水中一叢灌木的棕色枝莖被水流沖刷，帶著永恒的無聲微笑搖曳著身姿，似乎在嘲弄那些拋在它最外側葉子一英吋外的魚餌，無論那是上帝創造的活蠅，或是人工製造的假餌。

●　●　●

我在溪流中間的石頭歇坐了大約一支菸的工夫，看著我的鱒魚從庇護牠的灌木叢下露出身影。此時，我的釣竿和釣線正掛在岸旁灑滿陽光的赤楊上慢慢晾乾。為了謹慎起見，我多等了一會兒。那裡的溪水太平靜了。如果一陣微風吹起，很快就會拂過並弄皺水面，因此我必須立即把魚鉤精準地拋到水面上。

時候將至，風即將吹來，強度足以把一隻棕色的粉蛾從微笑著的赤楊樹枝上吹落，掉到水面上。

一切就緒了！我捲起晾乾的釣線，站到溪水中央，魚竿隨時準備出擊。此刻小丘上的楊樹微微顫動起來，這是風的預兆，我拋出一半釣線，前前後後輕輕揮舞著釣竿，等待更強的風起。注意，拋出的釣線不能超過一半！此刻太陽高照，任何在水面上方晃動的影子都會向那條大魚預先警告迫近的厄運。就是現在！最後的三碼釣線拋了出去，魚餌優雅地落在微笑的赤楊腳下，鱒魚上鉤了！我費了很大力氣才把牠拖出樹叢。牠掙扎著想要逃向下游。但幾分鐘之後，牠也在魚簍底部撲騰著。

我又坐在那塊石頭上，一面等著釣線再次晾乾，一面進入愉快的冥想，思索著鱒魚和人的行為模式。我們和魚多麼相像，時刻準備著，而且渴望著，想要抓住周遭的風吹落到時間之流上的任何新東西。當我們發現那看似美妙的誘餌內藏著釣鉤時，又是多麼懊悔自己的倉促和草率！儘管如此，我仍認為渴望本身有一定的價值，不論渴望的對象是真實還是虛幻。謹小慎微的人、鱒魚或世界，會是多麼乏味無趣啊。剛剛我是不是說「為了謹慎起見」而多等了一會兒？事實並非如此。只有在為下一次或更長遠的機會做準備時，釣魚者才會學著謹慎。

現在必須出擊了，因為鱒魚很快就不會再浮出水面。我涉過及腰的溪水，來到鱒魚的航程起點，無禮地把頭硬伸進搖擺的赤楊叢中向內張望。這兒真像是叢林！上方是個漆黑的洞，被綠樹遮擋得嚴嚴實實，幾乎連揮動一片蕨葉的空間都沒有，更別說要在幽深的流水上揮動釣竿了。就在那兒，一條大鱒魚正懶洋洋地轉動身子，張口吞下一隻路過的蟲子，牠的腹部幾乎碰觸到暗沉的溪岸邊上。

哪怕是用最不會引起懷疑的蟲子作誘餌，也不可能有機會靠近牠了。但是我看見上游二十碼遠的水面映照著陽光，那裡是另一個出口。用乾毛鉤順流向下釣魚？不可能成功，但我必須試一試。

我回身爬上河岸，一頭鑽入叢生的鳳仙花和蕁麻，穿過赤楊林迂迴著走到上游的出口。我像貓兒一樣躡手躡腳地靠近，唯恐攪渾了這位陛下的浴池。我在那兒悄悄站了五分鐘，等待一切平息下來。與此同時，我拉出三十英呎釣線，給線上油，晾乾，捲在左手上。三十英呎就是我和叢林入口的距離。

現在要放手一搏了！我對著假蠅魚餌吹了一口氣，讓它的翅羽鼓脹起來，接著把它放在我腳旁的溪流讓牠順水而下，再迅速放出一圈圈釣線。突然間，釣線被拉直、魚餌被捲入了叢林中，我迅速地走向下游，一邊注視著那個黑漆漆的洞口，想知道魚餌的運氣如何。當它漂過一小塊陽光灑下的斑點時，我瞥了一兩眼，見它仍漂在水面上。魚餌轉了個彎，眨眼間就被沖到了黑漆漆的水面，而我走動時攪渾的水還沒有暴露我的計謀。我還來不及看到那條大鱒魚，就聽見了牠衝撞的聲音。我用力拉住釣竿，戰鬥開始了。

沒有哪個謹慎的人會冒著失去價值一美元的釣餌和釣線的危險，在溪流轉彎處如齒刷般稠密的赤楊叢裡把一條鱒魚逆流往上拉。不過，正如我所說的，謹慎的人成不了會釣魚的人。經過一陣小心翼翼的纏鬥，我一點一點地把牠拉到開闊的水面上，最後終於拖進了我的大魚簍。

現在我要向你們坦承，那三條鱒魚，沒有哪條大到必須去頭或折彎才能裝進牠們的棺材。大的不是鱒魚，而是機會。滿載而歸的不是我的魚簍，而是我的回憶。像那些白喉林鶯一樣，我也忘記了赤楊叉口那兒將到來的已不再是清晨。

July

龐大的領地

一百二十英畝，根據郡書記官的說法，這是我全部領土的面積。不過，那個郡書記官是個愛睡覺的傢伙，從不會在早上九點以前查看他的登記簿。我的領土在拂曉時展現了什麼，是這裡要談論的問題。

不管有沒有登記簿，我和我的狗都明白這個事實：拂曉時，在所有我走過的土地上，我是唯一擁有它們的人。此時，消失的不僅僅是疆界，還有被疆界限制的感覺。契約和地圖所不知的廣袤區域，是每個黎明都熟悉的。而被認為已從此地消失的幽寂，一直延伸到露珠所至的每個地方。

和其他土地所有者一樣，我也有自己的佃戶，牠們常忘了交地租，但對土地使用權卻一絲不苟。實際上，從四月到七月的每個拂曉，牠們都要彼此聲明自己的土地邊界，而且可以推斷，牠們也在向我表明牠們的封地。

這一場每天進行的儀式，可能與你所猜想的相反，是以極為莊重的形式開場的。我並不知道究竟是誰最早確立了這些禮節。凌晨3:30，我帶著在七月清晨所能激發的全部尊嚴，雙手握著我

的主權象徵——一咖啡壺和記事簿，邁出了木屋的門。我面對著晨星的白色微光，在木凳上坐下，把咖啡壺放到身邊。我從襯衫胸前口袋掏出一個杯子，希望沒人注意到這種不雅的攜帶方式。我掏出錶，斟滿咖啡，把記事簿放在膝上。這表示發表聲明的時候就要到了。

3:35，最近的一隻原野雀鵐用清晰的男高音宣稱：牠擁有北至河岸、南至舊馬車道的北美短葉松樹林。在聽力所及的範圍內，所有的原野雀鵐一隻接一隻地吟誦著各自的領土。至少在此時此刻，牠們沒有互相爭執。於是，我靜靜聽著，內心希望牠們的雌性伴侶也能默許這和諧安好的現狀。

原野雀鵐尚未全部發表完聲明時，那株大榆樹上的旅鶇就開始用響亮的顫音宣明：牠擁有被冰暴劈掉了一根枝莖的樹杈，以及所有的相關附屬物（從牠的角度看，是指下面一片小小草地上的所有蚯蚓）。

旅鶇連續不斷的歌聲喚醒了一隻黃鸝，牠開始向黃鸝世界的成員宣告：榆樹那根下垂的樹枝為牠所有，包括附近所有富含纖維的乳草的莖、花園中所有鬆散的捲莖，以及像一團火焰般在這些枝葉之間穿梭的特權。

我的錶指向了3:50，山丘上的靛藍彩鵐開始宣稱：牠擁有一九三六年乾旱時期枯死的橡樹樹枝，以及附近各種蟲子與灌木叢。不過我認為牠也在暗示，牠有權比所有的藍鶇以及所有面向黎明的水竹草，藍得更加出色。

接下來開始唱歌的是一隻鷦鷯，就是牠發現了木屋屋簷上的小孔。另外幾隻鷦鷯開始合唱，場面隨之變得喧嘩混亂。蠟嘴雀、矢嘲鶇、黃色林鶯、藍鶇、綠鵙、鷗鵐、主紅雀……全都加入其中。我慎重列出的表演者名單，按照牠們唱出第一首歌的時間排列，到了這時，我的筆開始猶豫、搖擺並停頓下來，因為我再也分辨不出優先表演的是誰。另外，咖啡壺已空，太陽即將升起，我必須在我的權力失效前視察我的領地。

我們出發了，我和我的狗隨意前行。我的狗絲毫不在意這些聲樂表演，因為對牠來說，表明存在的證據不是歌聲，而是氣味。在牠看來，任何一堆缺乏教養的羽毛，都能夠在樹上製造出噪音。而現在，牠要為我翻譯一些氣味之詩了。很難說是哪些沉默的生物在仲夏夜晚寫下了這些詩篇，但在每首詩的末尾都坐著詩的作者，只要我們有能力發現牠們。我們所找到的經常出乎意料：一隻突然渴望身在別處的兔子，一隻拍打翅膀放棄自己所有權的丘鷸，一隻在草地上弄溼了翅膀而怒氣沖沖的雄雉。

偶爾我們會發現一隻夜裡出擊後遲歸的浣熊或貂。有時我們會趕跑一隻正在捕魚的鷺鷥，或者驚擾一隻林鴛鴦，牠正帶著一群子女逆流而上，前往梭魚草棲息地。有時我們會巧遇一隻剛剛飽食了紫苜蓿、婆婆納和野萵苣的鹿，正悠閒地返回樹林。更多時候，我們看到的只是動物的蹄印，懶洋洋地在絲綢般的露珠上交錯印沓的闇黑色線條。

現在，我能感受到早晨的陽光了。群鳥的合唱幾乎停息了。遠處傳來乳牛頸鈴的叮噹聲，告訴我有一群牛正緩緩走向牧場；一輛拖拉機的轟鳴聲提醒我，我的鄰居已經起床。世界又縮回到郡書記官所了解的那個狹小疆域。我們返身走向回家的路，準備吃早餐。

大草原的生日

從四月到九月的每個星期裡，平均都會有十種野生植物開出這一年的第一朵花。而在六月，一天之中就會有多至十餘種的植物綻放花蕾。沒有人能注意到所有植物最初開花的日期，但也沒有人能把這些日子全部忽略掉。踩在五月的蒲公英上卻不自知的人，可能會突然因八月豚草的花粉而駐足。沒有注意到四月裡榆樹一樹紅霧的人，車子可能會在六月梓樹飄落的花朵上打滑。只要告訴我一個人注意到哪種花的初開日期，我就能講出這個人的很多事情，包括其職業、喜好、是否患有花粉熱，以及其生態學知識的水準。

● ● ●

每年七月，我都會熱切地觀察開車往返農場時經過的一個鄉間墓地。大草原又到了慶祝生日的時候了，這曾經是重大的事件，而今，在這個墓地的一角還居住著殘存的慶祝者。

這是一處普通的墓地，周圍以常見的雲杉為界，其間點綴著一般的粉色花崗岩或白色大理石墓碑。在周末，每塊墓碑前都會照例擺上紅色或粉紅色的天竺葵花束。唯一特殊的地方只在於，墓地是三角形，而不是方形的，在墓地圍欄的尖角內，隱藏著一八四〇年代修建墓地時遺留下來的一小塊草原殘跡。迄今為止，這面積不到一平方公尺的原始威斯康辛的遺跡，還沒有經受過鐮刀或割草機的破壞。每年七月，這裡都會生長出一人高的羅盤葵，它們搖曳著淺碟大小、與向日葵相類似的黃色花朵。除了這個地方以外，在這條公路旁，或者說恐怕在整個郡的西半部，都見不到這種花了。一千英畝的羅盤葵輕觸著野牛的肚皮時，會是什麼樣的景象呢？這問題恐怕再沒有人能回答，或許再也沒有人會問起。

這一年，我發現羅盤葵第一次開花是在七月二十四日，比往年晚了一個星期。在過去的六年裡，首次開花的平均日期是七月十五日。

八月三日，當我再次路過墓地時，那裡的圍欄已經被一隊修路工人移除，羅盤葵也被砍掉了。我們不難預測：未來幾年之內，我的羅盤葵將徒勞地嘗試從割草機下立起身來，然後死去，而隨之終結的是大草原的時代。

公路局的官員說，每年夏天羅盤葵盛開的這三個月裡，會有十萬輛小汽車從這條路經過。坐在這些車裡的，至少有十萬人曾學過被稱為歷史的課程，或許至少有兩萬五千人曾學過被稱為植物學的課程。但我不知道，這麼多人裡曾經見過羅盤葵的是否能超過十個人。至於能注意到羅盤葵之死的，恐怕一個也不會有。如果我告訴附近教堂裡的牧師，修路工人正在他的公墓裡以鋤草為由焚燒史書，他一定會感到驚訝與困惑。雜草又怎能稱其為書呢？

這是本地植物群葬禮中的一個小插曲，同時也是世界植物群葬禮中的插曲之一。機械化時代的人們不會注意到植物群，他們只會為清理土地景觀時取得的進展感到驕傲。不論是否願意，人們都將在這土地上過完一生。聰明的做法或許是，立刻取消所有真實的植物學與歷史課程，以免將來某個公民發現他的美好生活是以犧牲植物為代價時，會感到良心不安。

● ● ●

於是，農場鄰近地區的優良程度，是與其植物群的匱乏程度成正比。我自己選擇了這個農場，正是因為它不夠優良，沒有公路經過；實際上，我所在的整個地區，都位於進步長河的逆流。我的農場道路是過去拓荒者的馬車道，路面從未整平，也不曾鋪上碎石，沒人清掃或推平。我的鄰居們向郡事務官感嘆。他們籬笆下的地壟已經連續好幾年沒有修整了。他們的沼澤沒有築堤，也沒排過水。因為在去釣魚和求進步之間，他們傾向選擇去釣魚。因此，在周末，我的植物性生活標準，是遠離城鎮的偏遠林地，而在周間時，我則盡可能依靠大學農場、大學校園和鄰近郊區的植物生活。十年來，我記錄了這兩個不同區域裡野生植物初次開花的時間，當作消遣：

第一次開花時間	郊區與校園的植物	邊遠農場的植物
四月	14	26
五月	29	59
六月	43	70
七月	25	56
八月	9	14
九月	0	1
視覺饗宴總數	120	226

記錄清晰地顯示出，偏遠地區農夫的視覺享受，差不多是大學生或商人的兩倍。當然，這兩類人都還沒有注意到自己身邊的植物群，因此我們面臨了兩個前面提過的選擇：讓人們繼續對植物視而不見，或者深思我們是否真的無法同時擁有進步與植物。

植物群的萎縮，是由清除農場雜草、林地放牧和修築公路共同造成的。這些變化的每一項，都需要大量削減野生植物所占的土地，但是並不需要完全消滅整個農場、整個鎮或整個郡內的這些物種，而且物種消失也不會帶來任何益處。每個農場上都有閒置的土地，每條公路兩旁都有和它同等長度的空地。只要不在這些空閒的土地上放牧、耕種、割草，那麼，本地原生的所有植物群，連同數十種從異地偷偷入境的外來植物，都能成為每個人日常生活環境的一部分。

最諷刺的是，大草原植物的最佳保護者不甚了解，更不關心這些瑣事。我指的是沿線修築了防護欄的鐵路公司，不少這些鐵路的護欄是在草原被開墾之前就豎立起來的。在這些細長的保護區內，儘管有煤渣、煤灰和每年一次以大火清理空地的阻撓，草原植物仍按著年月閃耀它們的色彩，從五月粉紅色的折瓣花，到十月藍色的紫菀。長期以來，我一直希望能有機會帶著實際證據，面見某位冷酷、現實的鐵路局長，引發他的同情心。但我尚未有機會遇見鐵路局長，因此也就不曾這樣做。

鐵路公司當然也使用噴火器和化學噴霧器來清除軌道邊的雜草。但是這種方式的清理成本太高，無法擴展到距鐵軌太遠的地方。或許他們即將採取更進一步的改善措施。

如果我們對某個人種所知甚少，那麼他的消失並不會給我們帶來太多痛苦；如果我們對某個國家的認識，僅限於偶爾品嘗的一道菜肴，那麼這個國家中某人的去世，對於我們也就沒有多大意義。我們只為我們所知者哀傷。倘若對羅盤葵的認知僅僅是植物學書籍上的一個名字，那麼這種植物自丹恩郡西部消失並不會讓人感到悲傷。

當我試圖挖起一株羅盤葵移栽到我的農場時，我首次發現了這種植物的個性。那就像是在挖一棵橡樹樹苗。我辛苦勞動了半小時，又髒又累，但是它的根仍然在延伸，就像縱向生長的巨大甘薯。據我所知，那株羅盤葵的根向下穿透了基岩。我最終沒能挖出羅盤葵，但我已經知道，它究竟是依靠何種苦心經營的地下戰略，來對付大草原的乾旱。

之後，我種下了羅盤葵的種子，這種子顆粒很大、多肉，味道與葵花子相似。它們很快就發芽了。但是我等待了五年之久，幼苗仍是幼苗，不知何日才能長出花莖。或許羅盤葵必須生長十年才能長到開花的年齡，那麼，那個墓地上我所珍愛的羅盤葵是多大年齡？它可能比那裡最古老的墓碑還要年長，而那塊墓碑上的日期是一八五〇年。或許它曾看到過逃亡的黑鷹[11]從麥迪遜湖撤退到威斯康辛河，因為它就生長在那條著名的行軍路線上。它當然也曾見過一連串拓荒者的葬禮，看見他們一個又一個在藍色鬚芒草下長眠。

我曾看到，一把電鏟在路邊挖排水溝時，切斷了一株羅盤葵的「甘薯根」。根很快就生出新葉，最後竟又長出了花莖。這可以解釋，為什麼這種從不侵入新環境的植物有時會出現在才被平整過的公路旁邊。很顯然，一旦它在一個地方扎下根，除了持續性的放牧、刈割或犁耕，幾乎能夠抵抗任何傷害。

那麼，羅盤葵為什麼會從放牧地區消失呢？我曾見過一位農夫把他的乳牛趕到未被開墾的大草原草地上，那裡只是偶爾有人去刈割野生的乾草。牛在全數吃光其他所有的植物之前，會先吃掉羅盤葵的莖葉。我們可以想像當年野牛對羅盤葵也有同樣的喜好，但是野牛不會被關在圍欄裡，而把整個夏天的嚙食侷限在同一片草地上。簡而言之，野牛不會持續在一個地方吃草，所以羅盤葵能夠承受。

11 黑鷹（Black Hawk, 1767-1838）：大草原印第安部落的酋長，曾在白人向西部擴張時領導部落進行抵抗。

或許是仁慈的天意使然，讓幾千種動植物彼此殘殺滅絕以產生現今的世界，卻未讓這些生靈意識到這樣的歷史。而現在，我們同樣毫無所感，或許也是出於天意。最後一頭野牛告別威斯康辛時，幾乎沒有人感到悲傷。同樣，當最後一株羅盤葵追隨那頭野牛前往夢幻之鄉——那綠意盎然的大草原時，也幾乎不會有誰為之哀泣。

August

青青河畔草

某些畫之所以出名，經得起時間考驗，是因為它們在各個時代總有觀眾，而且每一個時代都可能出現一些富有鑑賞力的眼睛。我知道一幅畫，它是如此易於消失，除了漫遊的鹿以外幾乎沒有人看過它。揮舞畫筆的是一條河流，在我能帶朋友去觀賞這件作品之前，河流已經永遠抹去了畫作存在的痕跡。此後，這幅畫只留存在我的心靈之中。

藝術家的性情往往變幻無常，這條河流也是一樣。它何時有心情潑灑、這種心境將會持續多久，全都無法預料。仲夏時分，在一個完美無瑕、白色艦隊般的巨大雲朵在天空巡遊的好日子，漫步去沙洲看看這位畫家是否正在創作，真是件愜意的事情。

河流的筆觸從一道寬闊的淤泥緞帶開始，薄薄地刷塗在向後退去的河岸沙地上。泥帶在陽光下慢慢變乾，這時，金絲雀來到它的水窪中沐浴，而鹿、鷺鷥、雙領鴴、浣熊和烏龜則用足跡為泥帶鑲上花邊。在這一階段，還很難說接下來會發生什麼變化。

不過，當我看到這條泥帶因荸薺草而變得蔥綠時，我就會開始注意觀察，因為這是河流有心情作畫的信號。幾乎是一夜之間，葶薺草就長得如此翠綠，如此稠密，讓鄰近高地上的田鼠都無法抗拒這軟厚草地的誘惑，集體出遊來到這綠色的牧場。顯然，田鼠們整夜都在天鵝絨般的綠草深處摩擦著肋骨，牠們踩出了一座足跡的迷宮，證明了牠們的熱情。鹿在綠色牧場上漫遊，顯然只是為了愉悅地享受蹄子踩在柔軟草地上的感覺。就連不愛出門的鼴鼠，也在乾燥的沙地下挖出通往葶薺草緞帶的地道，在那兒，牠可以盡情地拖拉搬運青翠的草皮。

在這一階段，多得數不清、小得難以辨認的植物幼苗，紛紛從綠色緞帶下溼暖的沙土中萌芽。

想要觀賞這幅畫，你得再給河流三周無人打擾的時間，然後在一個晴朗的早晨，當太陽剛剛驅散破曉的晨霧時，前來拜訪沙洲。這位藝術家此時已調好了顏色，以露水潑灑。葶薺草地現在比以往任何時候都更顯翠綠，上面閃耀著藍色的溝酸漿、粉紅色的囊萼花，以及乳白色的慈姑花朵。到處可見紅花半邊蓮，它伸展的葉片如同朝天擲出的紅矛。在沙地盡頭，紫色的斑鳩菊和淡粉色的澤蘭傍著柳樹亭亭而立。即使你悄然謙卑地來到這裡，正如造訪其他任何一處曇花一現的美景，你仍可能會驚動一隻狐紅色的鹿，牠正怡然自得地站在那齊膝高的花叢之中。

你毋需期待能再一次回去欣賞這綠色牧場，因為它已不復存在了。它已因河水的消退而乾枯，或者因上漲的河水漫過了沙洲，將它沖刷回原來簡樸無華的沙地。然而你心中可以掛起那幅畫，並且期盼在另一個夏天，河流會重拾作畫的心情。

September

小樹林裡的合唱

到了九月，幾乎已經沒有鳥兒幫忙宣布黎明的到來。一隻歌帶鵐可能還會漫不經心地唱首歌；一隻丘鷸可能會在飛往日間棲息的樹叢途中鳴囀；一隻橫斑林鴞可能以最後一聲顫音，結束夜間的辯論。但是，其他的鳥幾乎沒有什麼要說或要唱的了。

只有在某些霧氣濛濛的秋日黎明，或許還能聽見鵪鶉的合唱。寂靜突然被十幾個女低音打破，牠們情不自禁要歌頌黎明的到來。在短短的一、兩分鐘之後，音樂又會嘎然而止，一如它突然開始那般。

蹤跡隱祕的鳥兒唱起歌來，具有獨特的優點。在最高枝頭上唱歌的鳥容易引人注意，也容易被人遺忘，牠們一目暸然，也就平淡無奇了。能讓人們銘記的，是從不拋頭露面的隱士夜鶇，從幽深陰暗的地方傾瀉出銀鈴一般的和聲；是高高飛翔的鶴，在一朵雲後奏響號角；是霧靄中的草原榛雞，不知在何處發出低沉的聲音；是鵪鶉，在黎明的靜謐中高唱〈聖母頌〉。沒有哪個博物學家觀看過這個鵪鶉合唱團的演出，因為那一小群鳥正躲在草叢中看不見的窩巢裡，任何想要接近牠們的企圖，都會導致一片沉寂。

在六月，完全可以預知，當光線強度達到0.01燭光亮度時，旅鶇就會鳴唱，而其他歌手則會按可預知的順序加入合唱。然而在秋天，旅鶇全然沉默，鵪鶉是否會合唱則根本無法預測。在這些無聲的早晨，我會感到沮喪，這或許表明，令人期盼的事物總比能夠確知的事物更有價值。對鵪鶉合唱的期待，值得我數次摸黑起床。

秋天，我的農場裡總會有一群或幾群鵪鶉，不過牠們黎明時分的合唱通常是從遠一些的地方傳來。我想，這是因為牠們寧願棲息在離狗兒越遠越好的地方。狗對鵪鶉的興趣甚至比我還要強烈。然而，一個十月的黎明，當我坐在屋外的火堆旁喝咖啡時，一個鵪鶉合唱團忽然在幾乎只有一石之遙的地方爆出歌聲。牠們在松樹林下棲息，或許是為了讓自己在露水很重時保持乾爽。

聽到這支幾乎就在門階上唱出的黎明讚美詩，讓我們頗感榮幸。一時間，松樹上發藍的秋日針葉似乎更藍了，而松樹下那紅毯似的懸鉤子也紅得更加鮮豔了。

暗金色

狩獵有兩種類型：普通狩獵和披肩榛雞狩獵。

狩獵榛雞有兩個的地方：普通的地方和亞當斯郡。

在亞當斯郡狩獵有兩個時機：普通的時間和美國落葉松轉為暗金色的時候。這是為那些運氣欠佳的人而寫的。當那些披肩榛雞如同長著羽毛的火箭一般，毫髮無損地飛入短葉松林時，他們手裡拿著打光了子彈的空槍，目瞪口呆，但是他們從未停下腳步看看那紛紛灑落的金色落葉松針葉。

當秋日的初霜將丘鷸、狐色帶鵐和燈草鵐從北方帶來時，落葉松也就由綠轉黃了。旅鶇大軍奪走了一叢叢山茱萸最後的白色漿果，留下的空枝條如同山丘上粉紅色的霧靄映襯著山丘。小溪邊的赤楊已經落盡葉子，露出了滿眼的冬青。閃閃發光的黑莓照亮了你走向榛雞的步伐。

對於榛雞在哪個方向，狗比你知道得更清楚。你需要的只是緊跟著牠，透過牠那豎起的耳朵來解讀微風正在訴說的故事。當牠終於停下來一動不動，並用斜眼一瞥告訴你「準備好」時，我們要問的是：準備好做什麼呢？是迎接一隻鳴囀的丘鷸、一隻提高嗓門的榛雞，或者僅僅是隻野兔？狩獵榛雞的許多優點，就凝聚在這一充滿不確定性的時刻。那些堅持要知道先做好什麼準備的人，應該去打雉雞。

●　●　●

狩獵的情趣因人而異，但是造成差異的理由很微妙。最美妙的狩獵是偷偷進行的。為了偷偷進行一次狩獵，你必須深入無人涉足的荒野，或者要在眾目睽睽之下找到某個尚未被發現的地方。

幾乎沒有多少獵人知道亞當斯郡有榛雞，因為他們乘車路過此地時，只會看到荒涼的短葉松和低矮的橡樹。這個地區的高速公路橫跨多條向西流淌的小溪，每條小溪都來自一個沼澤，在流經乾燥貧瘠的沙地後注入河流，這條北行的公路自然也穿越了這些沒有林澤的貧瘠之地。但就在公路的另一側，在旱地矮樹叢的屏障背後，每條小溪都延伸成寬廣的低地緞帶，成為榛雞安全的庇護所。

到了十月，我獨自坐在落葉松林中，聽著狩獵者的汽車從高速公路上隆隆開過，拼命奔往北方那些擁擠的郡縣。我想像著他們跳動的時速表，繃緊的面孔，以及緊盯著北方地平線的焦灼目光，禁不住暗自發笑。一隻雄榛雞聽到汽車經過時的噪音，振翅發出咚咚聲響，以示挑戰。我們注意到牠的位置時，我的狗咧嘴而笑。我們一致認為，那個傢伙需要鍛鍊鍛鍊，我們這就去找牠。

落葉松不僅長在這片林澤低地，也長在緊鄰的高地下面。一道道泉水從高地下面湧出，被苔蘚堵塞後就形成了一個潮溼的台地。我把這些台地稱為空中花園，因為在溼泥外面，石竹花冠龍膽已經舉起有如藍色寶石的花朵。此時，就算是狗正在向你示意前面有榛雞，這樣一株映襯著金黃色松針的十月龍膽，仍然會讓你停下來凝視良久。

在每一座空中花園和溪流之間，是鋪滿青苔的鹿跡，獵人可以方便地進行追蹤，暴露了形跡的榛雞也可以在一剎那間飛過。問題只是鳥和獵槍對於一剎那的反應是如何。如果是鳥反應快，那麼下一隻走過的鹿在此遇見的，就只是一對可以嗅一嗅的空彈殼，而不是羽毛。

在小溪的上游，我發現了一座廢棄的農場。我試圖以田野間蔓生的年輕短葉松來判斷，那位倒楣的農場主人花了多久時間，才發現這塊沙質平原能培育出的只是孤寂，而不是玉米。這些美洲短葉松會誇大其詞，矇騙那些粗心大意的人，因為它每年都增加幾輪樹枝，而一般的樹每年只能生出一輪樹枝。我發現了一棵小榆樹是更好的計時器，它現在已經堵住了倉庫的門，其年輪可以追溯到發生乾旱的一九三〇年。自從那年以後，就再也沒有人從這個倉庫裡運出牛奶了。

當這家人的抵押借款終於超過了收成，收到將被逐出農場的信號時，不知他們在想些什麼。諸多想法如同飛過的榛雞，不留一絲痕跡，但也有些想法可能會留下數十年後仍可追尋的線索。在某個難忘的四月種下這棵紫丁香的男子，肯定曾喜悅地想像，此後的每年四月，盛開的鮮花都將瀰散著沁人的馨香。那曾在許多個星期一使用這塊已被磨平的洗衣板的女人，肯定曾祈望過所有的星期一都能消失，而且是立刻消失。

我思考著這些問題，過了不知多少分鐘才注意到，我的狗一直耐心地站在泉水旁指示方向。我走上前去為我的心不在焉表示歉意。一隻丘鷸在上方叫了起來，像蝙蝠一樣，牠橙紅色的胸脯沐浴著十月的陽光。狩獵就此展開了。

在這樣的日子裡，要把思緒只集中在榛雞身上實在不易，因為令人分心的東西太多了。我遇到了雄鹿在沙地上踏出的一條小徑，於是帶著懶散的好奇心追蹤下去。小徑從一株曲萼茶直通另一株，遭到啃咬的嫩枝說明了原因。

這讓我想到我也該吃午餐了，不過在我從獵物袋拿出午餐之前，我看到高高的天空中有隻盤旋著的鷹，牠究竟屬於哪一類還需要辨認。我等待著，直到牠側著身子斜飛，露出紅色的尾巴。

我伸手去拿午餐，不過我的視線又落在一株被剝了皮的楊樹上。在這裡，一隻雄鹿磨掉了牠鹿茸上發癢的茸皮。是在多久之前呢？剝露出來的木質已經變成棕色，我猜想那對鹿角現在必定是光潔的。

我再次伸手去拿午餐，不過，狗興奮的吠叫，以及撞擊灌木的聲音打斷了我。一隻雄鹿跳出來，鹿尾高高地翹著，鹿角閃閃發亮，呈藍色的毛皮如絲般光滑。是的，楊樹的確說出了實情。

這一次我總算拿出了午餐坐下來吃。一隻山雀在一旁看著我，卻不透露牠自己的午餐是什麼。牠吃的或許是一些涼冰冰、脹鼓鼓的螞蟻卵，或許是在鳥類國度中相當於烤榛雞冷食的其他東西。

吃完午餐，我注視著那些排成方陣的年輕落葉松，看它們將金色的矛舉向天空。在每棵樹下，昨日掉落到地上的針葉都織成了暗金色的毯子，而在每棵樹的頂端都已經孕育著明日之芽，它們正靜靜地等待另一個春天。

早起者

起得過早是鵰鴞、星星、大雁和貨運火車的壞習慣。一些獵人受到大雁影響也養成了同樣的習慣，一些咖啡壺則受到了獵人的影響。奇怪的是，在所有必須在早晨某個時刻起床的眾多生物中，只有少數這幾個發現了這種最清閒又愉快的起床時間。

獵戶座肯定是過早起床的始作俑者，因為是它發出了早起的信號。當它越過天頂向西行進，距離差不多能瞄到一隻水鴨那麼遠時，就是早起的時間了。

早起者彼此相處融洽，和那些晚起者不同，他們對於自己的成就總是相當低調。獵戶座是行程最遠的，但它幾乎什麼也不說；咖啡壺從最初發出的柔和汩汩聲開始，就對壺裡慢慢沸騰的東西輕描淡寫；貓頭鷹在其三音節的評論中，極力淡化夜間殺戮的事蹟；沙洲上的大雁早起，只是為了在聽不見的辯論中提出它對雁群議事程序的質詢，絕不會表現出牠的發言是所有遠山和海洋的權威。

我承認，貨運火車很難不聲張自己的重要性，不過它也有謙遜的一面。它只會專注盯著自己喧囂的工作，永遠不會擅入別人的地盤轟隆作響。貨運列車的全神貫注，讓我產生了很深的安全感。

• • •

天色未明時來到沼澤，純粹是一場聽覺上的冒險，耳朵可以恣意漫遊在夜晚的種種聲音間，完全不受手或眼睛的干擾。當你聽到一隻綠頭鴨大聲表達牠對湯汁的熱情時，你可以自由想像二十隻鴨子在浮萍之間大吃大喝的情景。當一隻葡萄胸鴨長聲尖叫時，你可以想像這是一整個中隊，而不用擔心會和實際所見有所出入。當一群斑背潛鴨對準池塘俯衝，拖著長音劃破黑暗的天空時，你屏住呼吸凝視著，儘管除了星星什麼也看不見。如果是在白天，同樣的舉止會引起人們注目，也會有人舉槍射擊，然後在沒打中時急忙為自己找個藉口。白天的光線也無法幫助你去恣意想像那些搧動的翅膀，如何俐落地衝破蒼穹。

當水禽悄無聲息地飛往更寬廣安全的水域，身影在東方泛白的天空中漸漸模糊時，傾聽的時間就結束了。

和其他許多具有約束性的協約一樣，只有當黑暗讓傲慢者變得謙虛時，黎明前的協議才能生效。彷彿太陽每天都有責任撤走沉默一樣。不管怎樣，當籠罩低地的晨霧泛白時，每隻公雞都開始自吹自擂，每堆玉米稈都佯稱比任何曾生長出來的玉米高出一倍。到了太陽升起時，每隻松鼠都誇大牠承受了某些自己臆想出來的羞辱，每張嘴都故作激動地宣告：自己在此刻發現了種種假想出來的社會危機。遠處的烏鴉正怒斥假想中的貓頭鷹，只是為了告訴世界烏鴉是多麼機警。一隻或許正在回想風流往事的雄雉裝腔作勢地拍打翅膀，粗聲警告世界說：牠擁有這個沼澤和其中所有的雌雉。

對於莊嚴雄偉的虛構想像並不僅限於鳥獸。早餐時間，醒來的農場院子就會傳出喇叭聲、吆喝聲和吹哨聲；到了晚上，一台無人看管的收音機仍在不停嗡嗡作響。然後，每個人都上床睡覺，重溫夜晚的功課。

紅燈籠

有一種狩獵榛雞的方法，就是根據邏輯和機率對狩獵區域制定計劃，這會把你帶往那些應該有榛雞的地方。

另一種方法是漫無目的地遊蕩，從一個紅燈籠走向另一個紅燈籠。這可能會把你帶往那些確實有榛雞的地方。所謂的紅燈籠，就是在十月陽光下變紅的黑莓葉子。

紅燈籠多次照亮了我在眾多地區愉快狩獵的道路，不過我認為，黑莓最初學會變紅，必定是在威斯康辛州中部那些多沙的郡縣。在荒地上多泥沼的小溪旁，從第一次霜降到這個季節的最後一天，黑莓會在每個陽光燦爛的日子燃燒著艷麗的紅，而那些很少點亮自己的燈的人，卻把這些友好的荒地稱為貧瘠。在這些多刺的灌木下，每隻丘鷸和榛雞都擁有自己專用的日光浴室。大多數獵人對此並不知情，他們在無刺的低矮樹叢中折騰到筋疲力盡，然後兩手空空地回家，留下我們不受打擾地生活。

我說的「我們」，是指鳥、溪流、狗，還有我。溪流慵懶地在赤楊間蜿蜒而過，彷彿寧願待在這裡而不願匯入河流。我也一樣願意留在這裡。溪流在大轉彎時的每一次躊躇，都形成更大的溪岸，在那裡，山邊的多刺樹叢，連接著淤泥中長出的一叢叢結冰的潮溼的蕨類植物和鳳仙花。榛雞和我一樣，都無法長期離開這樣的地方。於是，狩獵榛雞就成了沿著溪流，從一片樹叢到另一片樹叢的逆風漫步。

狗在接近這些多刺的樹叢時，總要左右顧盼，確認我就在射程範圍裡。確定了之後，牠繼續小心地悄悄前進，用溼鼻子在上百種氣味中搜尋某種氣味。正是這種可能存在的氣味讓整個大地有了生命與意義。狗是空氣勘探者，永遠在尋找空氣裡的氣味，如同尋找地層裡的黃金，使牠的世界與我的世界發生關係的金本位[12]，正是榛雞的氣味。

順便提一下，我的狗認為，關於榛雞的知識，我需要學的還很多。身為專業的博物學者，我同意牠的看法。牠帶著邏輯學教授那種沉靜的耐心指導我，以受過良好訓練的鼻子演繹推理的藝術。我很高興地看到，從一些對牠來說顯而易見，對我的肉眼而言需要猜測的資料中，牠能以點的形式推導出結論。或許牠希望，牠遲鈍的學生有一天也能學會探勘氣味。

和所有遲鈍的學生一樣，我總是知道老師何時是正確的，即使不知道為什麼正確。我檢查了一下槍枝，緊跟過去。和所有的好老師一樣，牠在我打不中時從不會嘲笑我，而我打不中的情況是經常出現的。牠只是看我一眼，然後繼續沿著溪流往上走，去尋找另一隻榛雞。

沿著這些溪岸行進時，你會跨越兩種景致，一處是山腰上，你從那兒狩獵，一處是山腳下，你的狗從那兒開始搜尋。踩著地毯一樣柔軟乾燥的石松，把鳥從沼澤裡驚起，這是別具迷人之處。而考驗一隻狗是否適合獵榛雞，首先要看的就是，當你走在乾爽的岸上時，牠是否願意去執行溼

12　金本位制，在此制度下，通貨基本單位與一定數量的黃金價值相同，並可與之兌換。在一九三〇年代經濟大蕭條中被普遍放棄。

答答的任務。

在赤楊林帶變寬的地方，如果你的狗從視線裡消失了，這時你就遇上了特殊的麻煩。你得趕緊爬上土丘或位置高的地方，佇立四望，側耳傾聽，凝神追蹤狗的位置。突然飛散的白喉林鶯或許會告訴你牠的行蹤。你可能會再次聽到牠折斷一根嫩枝，或者劈哩啪啦地走過有水的地方，或者撲通一聲跳進了小溪。但是，當周遭陷入沉寂，你就要準備立刻行動了，因為牠可能發現獵物了。現在，要注意聽那隻慌亂的榛雞在驚飛前發出的咯咯聲，接下來會出現疾飛的榛雞，或許會有兩隻，而據我所知最多會有六隻。牠們咯咯叫著，一隻接一隻地飛起來，每隻都高高飛向高處的目的地。會不會有一隻榛雞飛進你的射程呢？這就要看機運了。你如果有時間，也可以計算一下這個機率。三百六十度除以三十，或者是槍所能涵蓋的任何扇面與整個圓周的比例。結果再除以三或四（即除以打不中的可能），就是你的獵裝裡可能收獲的獵物數量了。

對於一隻適合狩獵榛雞的狗來說，第二大考驗就是，在這樣的插曲結束後，牠是否會來向你報告並接受新的指示。在牠氣喘吁吁時，要坐下來和牠交談，然後再去找下一盞紅燈籠，繼續狩獵。

十月的微風為我的狗帶來了榛雞之外的很多氣味，每一種都會引出牠自己的獨特故事。當牠滑稽地用耳朵指引方向時，我知道牠發現了一隻正在睡覺的兔子。有一次，牠極端嚴肅地指出獵物的地點，但那裡沒有鳥。牠站著一動不動，原來在牠鼻子下的一叢莎草中，酣睡著一隻正在安享十月陽光的胖浣熊。每次狩獵時，牠都至少會有一次對著臭鼬狂吠，而那隻臭鼬往往是位於非常茂密的黑莓叢中。有一次，狗在溪流中間報告發現獵物。向上游而去的翅膀搧動聲，伴隨著三聲富有樂感的啼叫，讓我知道牠攪擾了一隻林鴛鴦的正餐。有些時候，牠會在常有動物吃草的赤楊叢裡發現一隻姬鷸。最後，牠可能會打擾到正在赤楊沼澤岸邊高處酣眠的鹿。那隻大白天睡覺的鹿，是因為無法抗拒唱著歌的河水所蘊含的詩意，還是特別喜歡一張在入侵者靠近時必然會發出聲響的床？從鹿那憤憤不平搖擺著的白色大尾巴來看，答案可能是其中之一，也或許兩者皆是。

在一盞紅燈籠和另一盞紅燈籠之間，幾乎任何事情都有可能發生。

在榛雞狩獵季節最後一天的日落時分，所有的黑莓都熄掉了燈光。我不明白，一株灌木怎麼會如此準確無誤地接收到威斯康辛州的法令規定，但我也不曾在第二天回去進一步探究原因。在接下來的十一個月份裡，這些燈籠只會在回憶中閃亮。我有時會想，其他的月份，只是今年十月和來年十月之間的間奏。而我猜想，狗，或許還有榛雞，都與我有相同的看法。

November

但願我是風

在十一月的玉米田裡奏響樂曲的風總是匆匆忙忙。玉米稈嗡嗡哼唱，鬆散的玉米苞葉旋轉著，半嬉鬧地飛向天空，而風還是急匆匆的。

風吹過多草的沼澤地，湧起長長的風浪，拍擊著遠處的柳樹。一棵樹揮舞著光禿禿的樹枝，試圖進行辯駁，但是沒有什麼能羈絆住風的腳步。

在沙洲上只有風吹過，河水則流向大海。每一叢草都在沙地上隨風畫著圓圈。我漫步走過沙洲，在漂來的一根原木那裡坐下，聽著四周鳴響的風聲與碎浪輕拍河岸的聲音。河流全無生氣，所有的水鴨、鷺鳥、澤鵟與沙鷗都已找到了自己的避風港。

• • •

我聽到遙遠的雲端傳來微弱的叫聲，似乎是狗在吠叫。真是奇妙，這個世界會怎樣豎起耳朵，好奇地傾聽那個聲音呢？聲音很快變得響亮，原來是雁鳴，雖然還看不見，但已經越來越近了。

雁群出現在低空的雲朵之間，如同邊緣參差不齊的旗幟，隨風上下飄拂，時而下降時而上升，時而聚合時而分散，但是一直保持前進。風充滿愛意地和每一對搧動的翅膀角力。雁群漸漸消失在遙遠的天際時，我聽到最後一聲雁鳴，那是夏天結束的終曲。

原木後面暖和起來，因為風已隨大雁而去。我也願隨大雁而去——但願我是風。

• • •

斧頭在手

上帝在賜予，同時也在剝奪，但賜予和剝奪不再僅僅屬於上帝。當我們某位古老年代的祖先發明了鏟子時，他就成了賜予者，因為他可以用鏟子種下一棵樹。當他發明了斧頭時，他就成了剝奪者，因為他可以拿斧頭把樹砍倒。任何一個擁有土地的人，不論是否自知，都這樣實現了創造和毀滅植物的神聖功能。

在那之後，更多工具被發明了出來，但經過仔細察看就會發現，後來的每一項發明都是這兩種最基本工具的延伸或附屬。人們被分為不同行業，每一行業都使用、販售、修理或保養某類工具，或是為如何做上述這些事情提供指導建議。透過這樣的勞動分工，我們可以避免誤用或濫用任何自身行業之外的工具。不過，有一種行業知道所有的人實際上都是按照他們所想和所期望的來使用各種工具，這種行業就是哲學。它知道，人就是這樣按其思考和期望的方式，來判定是否值得使用工具。

• • •

讓十一月成為斧頭之月的原因很多。天氣足夠暖和，在磨利斧頭時不會覺得冷；天氣也足夠涼爽，在砍倒一棵樹時不會流汗。這時硬木樹的葉子紛紛掉落，所以能看見樹枝交錯的樣子，也能看到樹木在上一個夏天的生長情況。如果不能這樣清晰地看到樹頂，就無法確定是否需要為了土地而砍樹，以及需要砍哪棵樹。

對於何謂自然資源保護論者，我讀到過很多定義，自己也寫過不少相關的論述。但我認為最好的定義不是用筆，而是用斧頭寫出來的。定義涉及的內容是：人在砍樹或在決定砍什麼樹時，心裡所想的是什麼。自然資源保護論者應該是這樣的人，當他每次揮舞斧頭時，他都謙卑地知道，自己正在大地的面孔上留下簽名。簽名當然因人而異，不論是用筆還是用斧頭，這差異都是自然存在的。

我在追溯往事時發現，要解析我手握斧頭作出決定時的動機，會讓我感到尷尬不安。首先，我發現，並非所有的樹都生而自由平等。在一棵白松和一棵樺樹互相推擠時，我總是會出於先入為主的偏見，為了白松的生長而砍掉樺樹。原因是什麼呢？

松樹是我親手拿鏟子種下的，而樺樹是自己鑽出土壤從籬笆下爬進來的。因此，我的偏袒在某種程度上帶著類似父親的感情，但這遠非事情的全部。如果這棵松樹是像樺樹一樣自然生長出來的，我甚至會更珍視它。因此，在偏見背後或許存在更深層次的邏輯，我需要對此進行探尋。

樺樹在我們城鎮是很常見的，而且數量越來越多。松樹是稀少的，而且越來越少。或許我的偏袒是為了支持處於劣勢的一方，但是，如果我的農場位置在更北邊，松樹很多而樺樹稀少，又會怎麼樣呢？我承認我不知道，畢竟我的農場不在別的地方。

松樹可以活一個世紀，樺樹只能活半個世紀，我難道擔心我的簽名會消失嗎？我的鄰居都有很多樺樹，卻沒有種松樹的，我是出於虛榮心想讓自己的林地與眾不同嗎？松樹整個冬天都是青蔥的，而樺樹的葉子在十月就會準時從枝頭飄落。我是否喜歡像我一樣傲視冬日寒風的樹呢？松樹為榛雞提供庇護所，而樺樹為榛雞提供食物，我是否認為一張床要比伙食更重要？松樹最後會賣十美元，而樺樹只值兩美元，我是眼睛盯著鈔票的人嗎？所有這些可能存在的理由似乎都很充分，但沒有一種真能站得住腳。

因此，我試著再尋找其他原因，希望能找到新的解釋。在這棵松樹下最後會長出一株洋楊梅、一株水晶蘭、一株鹿蹄草或一株林奈花，而樺樹下至多只能長出一株龍膽。這棵松樹遲早會有一隻啄木鳥在上面鑿出巢穴；而樺樹上能有隻鳥就已經不錯了。到了四月，風會在這棵松樹上對我歌唱，而那時樺樹只能嘎嘎地搖晃著光禿禿的枝條。這些理由似乎更有分量，但是為什麼呢？是否松樹會比樺樹更深地激發我的想像與希望？倘若如此，造成差異的究竟是樹，還是我呢？

我唯一的結論就是，我愛所有的樹，但我迷戀的是松樹。

如我剛才所說，十一月是斧頭之月。而且，和所有愛情故事一樣，表現偏愛也是有技巧的。如果樺樹生長在松樹南面，又比松樹高，那它在春天就會遮擋住松樹的頂枝，這樣松樹象鼻蟲就不會在樹頂產卵。象鼻蟲的後代會毀掉松樹的頂枝，從而使整棵樹變形，相比之下，樺樹的競爭給松樹帶來的只是輕微的煩惱。事情想來頗有趣味，象鼻蟲喜歡蹲在陽光下，而這種偏好不僅決定了其種群的繁衍，也決定了這棵松樹將來的形狀，以及日後我是否能成為成功的揮斧者和揮鐮者。

如果在我除去遮蔭的樺樹之後，緊接著來臨的是個乾旱的夏季，那麼溫度較高的土壤可能會抵消減少水分競爭這一好處。我的松樹並不會因為我的偏心就長得更好。

最後，如果樺樹的樹枝在刮風時擦動松樹頂端的嫩芽，那麼，松樹肯定會變形，而我必須不加任何考慮地砍掉樺樹，或者每到冬天就必須修剪一次樺樹，除去較低的枝幹以免妨礙松樹在來年夏天的生長。

這些得失利弊是揮斧者必須加以預測、比較和決定的，他必須沉著地確信，一般來說，他的偏袒不會只是良善的意圖。

揮斧者的農場裡有多少種樹，他就會有多少種偏見。歲月更迭，他根據自己對樹的美感和用途的反應，根據他那有利或不利於某種樹的作為給樹木帶來的反應，為每一種樹歸納出一系列的特性。令我詫異的是，不同的人竟會為同一種樹歸納出如此不同的個性特點。

在我看來，楊樹的名聲不錯，它可以為十月增輝，並能在冬天為榛雞提供食物。然而，在我的一些鄰居看來，楊樹只是一種雜木，這或許是因為，在他們祖父試圖清理出來的伐木空地上，楊樹總會迅速地蓬勃生長（我不能嘲笑這些人的想法，因為我發現，我也不喜歡那些威脅到我的松樹重新發芽的榆樹）。

除了白松，我最喜歡的是美國落葉松，或許是因為它在我的鎮裡幾乎瀕臨絕跡（對弱勢者的偏袒），或許是因為它給十月的榛雞塗上了金色（狩獵者的偏袒），或許是因為它使土壤呈酸性，從而生長出最可愛的蘭花——絢麗奪目的皇后喜普鞋蘭。另一方面，林務官已經把美國落葉松驅逐出境，因為它生長得太緩慢了，無法帶來利潤。為了平息爭議，他們也提到，美國落葉松會周期性地感染葉蜂病，但是這對於我的落葉松而言是半個世紀後的事，所以我還是讓我的孫子去擔心吧。我的落葉松現在生長得鬱鬱蔥蔥，我的心都要隨之向著天空飛揚了。

在我眼中，年長的白楊是最偉大的樹，因為它在年輕時曾為野牛遮蔭，也曾佩戴過野鴿子織就的光環。我也喜歡年輕的白楊，因為它有一天會變成年長的樹。不過，農場主人的妻子鄙視所有的白楊（農場主人也隨之產生了同樣的態度），因為在六月，雌株飄飛的棉絮會卡在紗窗上。而現代社會的信條，就是不惜代價地追求舒適。

我發現我的偏見比我的鄰居們更多，因為我對許多種類的植物都懷有個人的偏愛，這些植物同屬受人鄙薄的類別：灌木。我喜歡紫衛矛，一部分原因是鹿、兔子和田鼠都特別喜歡吃牠那方形的嫩枝和綠色的樹皮，另一部分原因則是，它那櫻桃色的漿果，在十一月白雪的映襯下發著暖暖的光。我喜歡山茱萸，因為它為十月的旅鶇提供食物。我喜歡花椒，因為丘鷸每天在它刺叢下的隱蔽處曬太陽。我喜歡榛樹，因為它在十月呈現的紫色讓我賞心悅目，也因為它在十一月用柔荑花餵養著我的鹿和榛雞。我喜歡苦茄，因為我父親喜歡，也因為鹿在每年七月一日都會突然開始吃它的新葉，而我已學會把這件事作為預言告訴我的客人。我無法不喜歡這種植物，因為它讓僅僅是一個教授的我，在每年都成功地成為預言家和先知。

顯然，我們對植物的偏好一部分源於傳統。如果你的祖父喜歡山核桃的堅果，那你也會聽你父親的話，喜歡山核桃樹。另一方面，假如你的祖父曾經點燃一根纏著有毒的野葛藤的木頭，並隨意地站在煙中，那麼，每年秋天不論野葛以何等艷紅的光彩溫暖你的眼睛，你都不會喜歡這種可能會引起皮膚炎的植物。

同樣明顯的是，我們對植物的偏好不僅能反映出我們的職業，也能反映出我們的業餘愛好。二者哪個應該在先，就好像勤奮和懶散哪個應該優先一樣微妙。寧願獵榛雞而不去擠牛奶的農人，不會不喜歡山楂樹，哪怕它侵入到牧場裡。獵浣熊的人不會不喜歡椴木。我也知道有些獵鶉的人年年得花粉熱，卻不會對豬草有絲毫抱怨。我們的偏好確實是敏感的標誌，可以揭示我們的情感、品味、忠誠、慷慨，以及消磨周末時光的方式。

無論如何，在十一月，我都滿足於手執斧頭，閒散地度過周末。

堅實的堡壘

每片農場的林地，在提供木材、燃料、樁柱之外，還應該為其所有者提供通才教育。這種智慧的產物從不歉收，但不會總有人前來收割。我要在此記下在自己林場裡學到的一些東西。

● ● ●

我在十年前買下了這片樹林，之後不久我就意識到，我買到的樹木疾病幾乎和買到的樹一樣多。樹木所繼承的疾病讓我的林地千瘡百孔，也讓我開始希望諾亞在裝載方舟時沒有帶上樹疾。不過我很快就又明白了，正是這些疾病使我的林地成了全郡獨一無二的堅實堡壘。

我的樹林是一個浣熊家庭的總部，我的鄰居們幾乎沒誰有這樣的運氣。十一月的一個星期天，一場新雪之後，我明白了箇中原因。一個獵浣熊的人和他的獵犬新留下的腳印把我引向一棵樹根被半拔起來的楓樹前，我的一隻浣熊就是在這棵樹下避難的。這裡凍結的泥土和糾結的樹根硬得挖不動、韌得砍不斷，某種真菌病害蛀蝕破壞了樹根，因此根下面的洞多得無法用煙把浣熊薰出來，獵人最後只好空著手離開。這棵樹在被一場風暴吹歪之後，就為浣熊王國提供了一個堅不可摧的要塞，假如沒有這個「防彈」庇護所，我的浣熊勢必會被每年來這裡的獵人洗劫一空。

我的樹林裡還住著一打披肩榛雞。積雪很深時榛雞會遷往我鄰居的樹林，那裡可以提供更好的掩護。不過，夏日的暴風雨能擊倒多少棵橡樹，我就能留住多少隻榛雞。這些夏天倒下的樹仍保留著已經枯乾的樹葉，下雪時，每棵這樣倒在地上的樹都會藏匿一隻榛雞。排泄物顯示出，暴風雪期間，每隻榛雞都在此棲息、進食、遊蕩。橡樹為牠們提供了覆蓋著樹葉的狹窄隱蔽所，因此，牠們不必擔心風、貓頭鷹、狐狸和獵人。風乾的樹葉不僅為榛雞提供了遮蔽，也因某種奇妙的理由成了榛雞特別喜歡的食物。

這些倒下的橡樹當然是病樹，但是橡樹如果不生病，折斷的可能微乎其微，也就很難有倒地的樹梢枝葉為榛雞提供藏身之所了。

病橡樹也為榛雞提供了另一種顯然十分可口的食物：橡樹蟲癭。蟲癭是新發的枝條在鮮嫩多汁時遭到癭蜂叮螫後的病態生長，在十月份，我的榛雞肚子裡總是裝滿了橡樹蟲癭。

每年，野蜂都會在我那些中空的橡樹中選擇一株築巢，而入侵我的領地的採蜜者，總會搶在我前面採走蜂蜜。部分原因是他們在一排排樹上尋找蜂巢時比我更有技巧，部分原因是他們使用了網罩，因而能在秋天蜜蜂蟄伏之前採集蜂蜜。如果樹心沒有腐爛，就不會有為野蜂提供蜂巢的中空橡樹。

兔子周期性的繁殖高峰出現時，我的樹林裡兔滿為患。牠們幾乎會吃掉每一種我努力培育的樹或灌木的樹皮和嫩枝，卻幾乎跳過了所有我想使之減少的樹和灌木（獵兔者自己種植了一小片松林或果園後，兔子就不再是一種獵物，而成為一種害獸了）。

兔子是什麼都吃的雜食動物，但在某些方面也是講究飲食的美食家。牠總是喜歡手植的松樹、楓樹、蘋果樹或紫衛矛，而不是野生的樹。牠還堅持，某些沙拉總要經過預先處理，才能屈尊去吃。因此，山茱萸在受到蠣盾介殼蟲攻擊之前，不會得到兔子的垂青，只有在染上介殼蟲後，這種樹的樹皮才會成為美味，被附近一帶的所有兔子爭搶著吃光。

有一打山雀全年住在我的樹林裡。在冬季，當我們砍掉病樹或死樹準備柴薪時，斧頭聲音就是山雀群開飯的鑼聲。牠們在附近逗留，一面等著樹倒下來，一面無禮地評論說我們動作慢。當樹終於倒地，劈開的地方露出裡面的內容時，山雀就圍上白色的餐巾開始享用美餐。對牠們來說，每一片死樹皮都是一座寶庫，裡面貯藏著蟲卵、幼蟲和蟲繭；在牠們眼中，每一處被螞蟻挖出隧

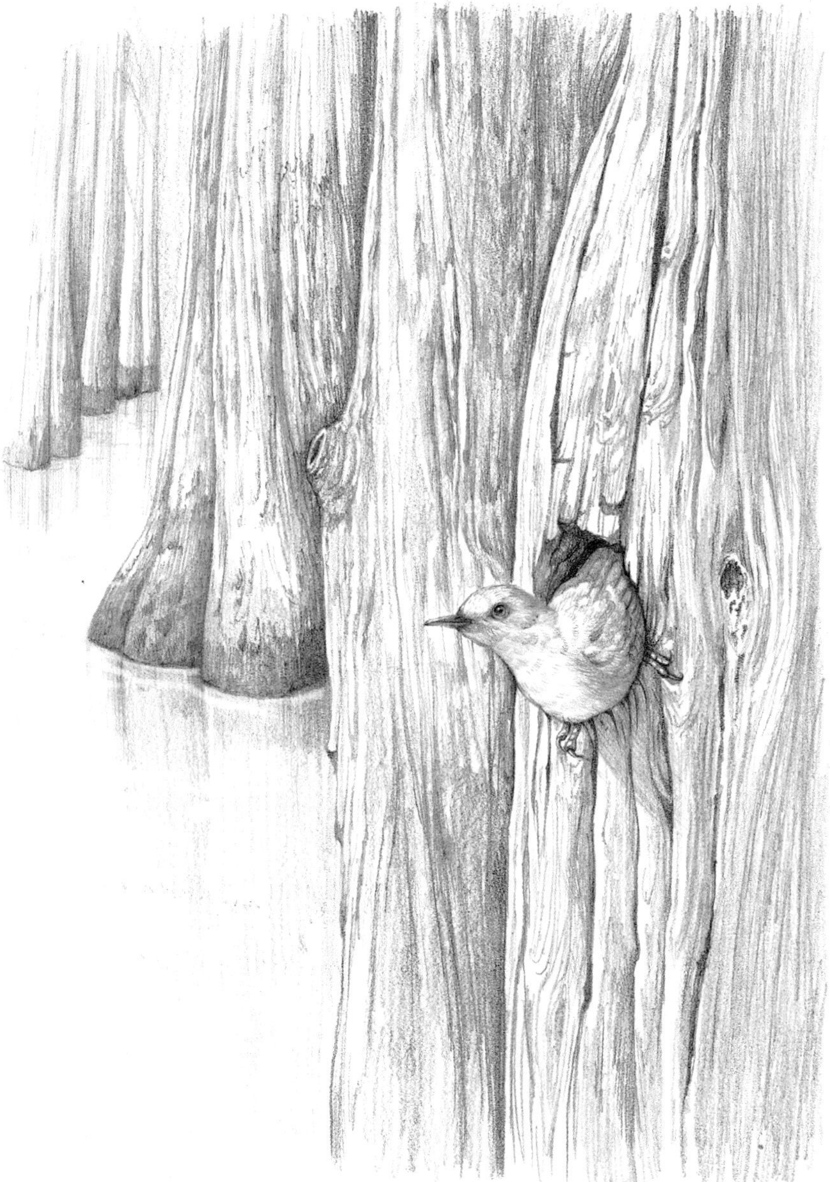

道的樹心，都裝滿了牛奶和蜜糖。我們經常把剛劈開的一片木材靠立到附近某棵樹上，只是為了看著這些貪吃的小鳥把螞蟻卵一掃而光。想到那剛砍倒的芳香四溢的橡樹寶藏，也給這些小鳥帶來了幫助與舒適時，我們的勞動也變得輕鬆愉快起來。

沒有病害和蟲害，這些樹中就不會有鳥的食物，也就不會有山雀在冬天為我的樹林帶來歡快氣氛。

其他許多種野生動物也依賴樹木的疾病。我的黑啄木鳥鑿開還活著的松樹，從患病的樹心啄出肥胖的雞母蟲。我的橫斑林鴞躲進老椴木的中空樹心，避開了烏鴉和其他鴉鳥的騷擾，假如沒有這棵病樹，牠們在日落時的小夜曲大概只有歸於沉寂。我的林鴛鴦在中空的樹裡築巢，每年六月都會給我的林地泥沼帶來一群毛茸茸的小鴛鴦。所有的松鼠要保住永久的洞穴，都要依靠爛樹洞與疤痕組織之間的某種微妙均衡。樹木試圖用疤痕組織使傷口癒合，當樹疤過度侵占松鼠的前門時，松鼠就會咬去這些組織，藉由這種方式，牠們成了樹洞與疤痕組織的裁判。

在我這片疾病纏身的林地中，真正的珍寶是藍翅黃森鶯。牠棲息於懸在水上的死樹殘幹，在啄木鳥鑿出的洞或其他小洞之中築巢。牠金色和藍色的羽毛，在六月樹林那潮溼的腐葉間閃動光澤，充分證明了死去的樹會轉化成為鮮活的動物，反之亦然。如果你對這種安排的智慧有所懷疑，只要去看看藍翅黃森鶯就可以了。

December

家園的範圍

生活在我農場上的生靈們不願直截了當地告訴我，我所在的城鎮有哪些區域隸屬牠們白天或夜晚巡行的範圍。我對此很好奇，因為這可以讓我知道牠們的世界和我的世界之間的面積比例，也可以很自然地引向更加重要的問題：是誰對自己居住的世界有更透徹的了解？

和人一樣，我的動物們經常用行為來顯露牠們拒絕以言語吐露的事情。我們難以預測牠們何時會這樣做，又會如何這樣做。

• • •

狗沒有執斧之手，因此可以在我們伐木時自由地狩獵。突然而來的犬吠聲讓我們注意到，一隻兔子從草叢間的睡臥處驚起，急急忙忙地奔向別的地方。牠筆直地奔往四分之一英哩外的木柴堆，低頭鑽進兩捆木柴之間，那裡是追捕者射程之外的安全處所。狗在硬橡木上象徵性地留下了幾個牙印之後，就不再追牠，而是去尋找不那麼機警的棉尾兔。我們則重新開始劈木柴。

這個小插曲告訴我，對於草叢裡的床榻與木柴堆下的避難所之間的地面，這隻兔子是非常熟悉的。否則怎麼會有那麼筆直的逃生路線呢？這隻兔子的家園範圍至少有四分之一英哩。

光顧我們餵食點的山雀，每年冬天都會被我們抓住套上腳環。一些鄰居也會餵山雀，不過沒有人會給牠們套腳環。透過觀察戴腳環的山雀距離我們餵食器的最遠位置，就可以了解到，這群山雀在冬天的家園範圍是半英哩，不過只限於風吹不到的區域。

鳥群在夏天分散築巢時，戴腳環的鳥常常會出現在更遠的地方，與不戴腳環的鳥成雙成對。這個季節裡，山雀毫不在乎風，經常會出現在多風的開闊地。

三隻鹿的新鮮足跡清晰地印在昨日下過的雪上，穿過了我們的樹林。我往回追蹤這些足跡，在沙洲上一個很大的柳樹叢中，發現了三個可以躲避風雪的睡臥之處。

我沿著這些足跡向前追蹤，足跡通往我鄰居的玉米田。鹿在那裡從雪中刨出殘留的玉米粒，還弄亂了一個玉米稈堆。之後足跡又折了回來，由另一條路線通向沙洲。一路上，鹿用蹄子刨過幾處草皮，用鼻子尋找其中嫩綠的芽，然後又到一處泉水邊上喝過水。這就是牠在夜間活動的完整路線圖，從牠的臥眠之處到早餐地點，總計距離是一英哩。

我們的樹林還總是住著榛雞。不過，去年冬季的某一天，在深而鬆軟的雪覆蓋地面後，我找不到一隻榛雞，也沒有發現任何榛雞的足跡。我幾乎斷定牠們已經搬家，就在這時，我的狗跑到

去年夏天被刮倒的一棵橡樹那布滿樹葉的枝葉裡。三隻榛雞一隻接一隻地驚飛起來。

樹梢下或附近都沒有任何足跡，顯然那三隻榛雞是以飛翔的方式飛入枝葉裡，但牠們是從哪兒飛來的呢？榛雞必須進食，尤其是在氣溫降至零度以下時。於是，我檢查牠們的糞便以尋找線索。在諸多無法辨識的殘骸裡，我發現了凍結的茄科漿果那強韌的黃色果皮和芽鱗。

我在夏天曾注意到，一片幼小的楓樹叢裡生長著很多茄科植物。我走到那個地方，經過一番搜尋，在一根木頭上發現了榛雞的足跡。

這些鳥並沒有在鬆軟的雪上蹣跚而行，牠們走在木頭上，啄食四周散布的突出的漿果，活動範圍是倒下的橡樹以東的四分之一英哩。

那天，日落時分，我看見一隻榛雞在西面四分之一英哩處的楊樹叢裡露出頭來，沒有足跡。至此，這個故事有了完滿的結尾。原來，在積雪鬆軟的日子裡，這些鳥是用翅膀飛過牠們的家園，而不是用腳丈量。牠們的家園範圍為半英哩。

●　●　●

科學對於家園範圍所知甚少。不同季節裡家園的範圍有多大？必須包括哪些食物和住所？何時需要防禦侵入者？如何防禦？家園的所有者是個體、家庭還是群體？這些問題是動物經濟學或生態學的基礎。每座農場都是動物生態學的教科書，林地生活則是這本教科書的生動闡釋。

雪地上的松樹

創造通常僅限於神與詩人，但是如果知道方法，即使是身價卑微的普通百姓也可以繞開這樣限制。例如，要種植一棵松樹，既不需要成為神靈，也不需要成為詩人，需要的僅僅是擁有一把鏟子。有了這樣奇妙的規則漏洞，任何一個莊稼漢都可以說：要有一棵樹。於是，就有了一棵樹。

如果他身體強壯，鏟子鋒利，那麼最終可能會有一萬棵樹。在第七年，他可以拄著鏟子望著他的樹，並發現它們很好。

上帝在第七天就肯定了自己的手工創造[13]，不過我注意到，從那以後，祂幾乎未對自己創作的價值進行過表態。我猜想，或許是因為祂肯定得過早，或許是因為樹木比無花果的葉子和蒼穹更引人注目。

• • •

為什麼鏟子被視為單調辛苦的工作的象徵呢？或許是因為大多數鏟子都不鋒利。當然，所有

13《聖經．創世紀》中說，上帝在第一天到第五天創造出了天地萬物，第六天造人。他對自己的創造很滿意，於是在第七天停下休息。

作苦工的人都會使用鈍的鏟子，不過我不確定這兩者何為因、何為果。我只知道，一把好銼刀經過精神抖擻地揮動之後，可以讓我的鏟子唱著歌切入肥沃的土壤。有人告訴我，在鋒利的刨刀、鋒利的鑿子和鋒利的解剖刀中，都存在著曼妙的音樂。但我聽得最清晰的還是鏟子裡的音樂，當我種下一棵松樹時，鏟子會在我的手腕下哼唱。我懷疑，那如此費力地想在時間的豎琴上奏出一個清晰音符的人，是不是選擇了一件太難以控制的樂器。

種樹只會在春天進行，這很不錯，因為春天的溫和適度對所有事物都是最有利的，對鏟子也不例外。在其他月份，你可以觀察松樹成長的過程。

松樹的新年始自五月，此時松樹的頂芽變成了「蠟燭」。最先用蠟燭形容這新生芽端的人，一定有著敏感細膩的心靈。「蠟燭」，聽起來似乎是對淺顯事實的平常解釋：新發的芽具有蠟樣的光澤，而且筆直、易碎。但是和松樹一起生活的人知道，這裡的「蠟燭」有更深的含義，因為松樹的頂端燃燒著永不熄滅的火焰，照亮了通向未來的道路。在一個又一個的五月裡，我的松樹高舉著蠟燭向天空伸展，每棵樹都直指天頂。在生命的最終號角吹響之前，只要還有時間，它們就會全心一意地朝著天頂前進。只有很老的松樹，才會忘記它的眾多蠟燭中哪一根最為重要，不再直指天頂。你或許會忘卻一些事情，但你永遠不會忘記你一生中親手種植的松樹。

如果你傾向於節儉，那你會發現松樹是志趣相投的夥伴，因為它們不同於無隔宿之糧的硬木，從不會拿現在的收入去付帳。它們只靠前一年的儲蓄生活。實際上每棵松樹都有自己的帳戶，在每年的六月三十日記錄儲蓄餘額。如果在這一天，松樹的蠟燭又生長出十個或一打新芽，那就意味著它已儲備了夠多的陽光雨露，足以在來年春天增高兩、三英呎。如果蠟燭只長出四到六個新芽，松樹就不會長得很高，不過，它仍會露出具有償付能力的獨特神情。

當然，松樹和人一樣，都會遇到艱難歲月，這時它們表現出的樣子就是「長不高」，也就是說相鄰樹枝的上下間距較短。這些間距是與樹一起生活的人可以隨意閱讀的樹木自傳。為了確定生長艱辛的年份，你必須把生長較慢的那一年再減去一年。因此，所有的松樹在一九三七年都生長緩慢，就表示一九三六年發生過大範圍的乾旱。所有的松樹在一九四一年都加速生長，或許是牠們看到了即將來臨事件的前兆，因此特別努力地向世界宣示：即使人類不知道要去向何方，我們松樹也依然知道要往何處去。

如果一棵松樹在某一年表現出生長遲緩的模樣，但它的鄰居卻並非如此，那你完全可以推斷出這是某種純屬區域性或個體的不幸，例如大火帶來的創傷、田鼠的囓咬、風造成的樹皮或樹葉損傷，或是被人們稱作土壤的那個黑暗實驗室中出現了局部性瓶頸。

• • •

松樹喜歡彼此聊天，或與鄰居閒談。只要留意牠們的閒談，就可以知道一個星期以來，當我留在城裡時這裡發生了什麼。因此，在三月，當鹿經常光顧白松時，牠們啃食的高度就可以告訴我牠們的饑餓程度。吃飽了玉米的鹿，懶得去吃離地超過四英呎的枝條，而一隻饑腸轆轆的鹿則會立起後腿去咬八英呎高的樹枝。所以，我用不著看到鹿，就能知道牠們飲食的狀況；我用不著到鄰居的田地裡，就能知道他是否已經堆好玉米稈。

在五月，當新的蠟燭如同新生的蘆筍尖一樣柔嫩脆弱時，棲息在上頭的鳥兒常把它折斷。每年春天我都會發現一些斷了頭的松樹，樹下的草地上都躺著凋殘的蠟燭。要推斷發生了什麼是很容易的，但我在十年的觀察中，從未親眼看到鳥兒弄斷蠟燭。這是一個典型的實例教訓：人們無需懷疑沒看到的事物。

每年六月，一些白松上會突然出現枯萎的蠟燭，它們很快就會變成棕色並且死去。松樹象鼻蟲鑽進頂芽叢裡產卵，幼蟲孵出後沿著木髓蛀蝕，導致嫩枝死亡。松樹失去了頂枝，生長注定受挫，因為剩下的樹枝都想成為朝天空邁進的領導者，它們各自生長爭執不下，結果只能長成灌木的形狀。

奇怪的情況是，只有得到充足陽光的松樹才會招致象鼻蟲的啃噬，而那些得不到陽光的松樹反而沒有象鼻蟲。禍福相依的道理就在於此。

十月，我的松樹以它們被蹭掉的樹皮告訴我，雄鹿何時開始興高采烈、精力旺盛。一棵獨自站立、高約八英呎的北美短葉松，似乎特別容易激發雄鹿的鬥志，讓牠覺得這個世界需要刺激。於是，這樣一棵樹只好打不還手地忍受磨難，被蹭得遍體鱗傷。這種爭鬥中唯一的公平是，松樹越是受到不公的折磨，粘在雄鹿不甚閃亮的叉角上的松脂就越多。

松林的閒聊有時很難詮釋。有一次，在仲冬，我在榛雞棲息的一棵松樹下發現，榛雞的排泄物中有某些未完全消化的東西，它們大概有半英吋長，像是縮小了的玉米棒，我無法辨認究竟是什麼。我檢查了每一種我能想到的當地榛雞的食物，但是找不出有關「玉米棒」來源的任何線索。最後，我切開了一棵短葉松的頂芽，在它的核心找到了答案。榛雞吃下了頂芽，消化了樹脂，在嗉囊裡磨掉了芽鱗，留下的那個長圓形「玉米棒」實際上是松樹未來的蠟燭。可以說，榛雞做了短葉松的「期貨」[14]交易。

• • •

威斯康辛州有三種本地松樹：白松、美國赤松、北美短葉松。它們對適婚年齡的認定非常不一致。

早熟的短葉松有時在離開苗圃一、兩年後，就會開花並結出松果。十三歲的短葉松有的已經在誇耀自己的孫子了，但十三歲的赤松這一年才第一次開花，而白松卻連花都還未開，它們謹守

14 此為雙關語，原文為jackpine "future"，future既意指「未來」，也有「期貨」之意。

盎格魯，撒克遜的教條：自由、白種、二十一歲。

如果這些松樹的社會觀沒有這樣大的差距，紅松鼠的菜單就會受到很大限制。每年仲夏，牠們開始剝開短葉松的松果取食松子，沒有哪個勞動節的野餐能比牠們丟棄更多的果殼和果皮，在每棵樹下都有一堆堆年度聚餐之後的殘羹剩飯。不過，總會有松果逃過一劫，這一點由名叫「一枝黃花」的菊科植物之間冒出來的短葉松後代，可以得到證明。

知道松樹會開花的人並不多，而知道的人也往往缺乏想像力，以為這場開花盛宴不過是常規的生物作用。所有不抱幻想的人都應該在松林中度過五月的第二個星期，而戴眼鏡的人更應該多帶條備用的手絹。即使戴菊鳥的歌聲無法打動這些人，如此豐富的松樹花粉也會讓每個人相信，這個季節是多麼不顧一切地迸發著旺盛的生命力。

年幼的白松不在父母身邊時，往往長得更好。我知道，有的林地中，所有年輕一代的松樹都會比長輩矮小瘦弱，即使它們所在的地方能得到陽光。但有的林地卻沒有這樣壓抑現象。但願我能知曉，這種差異是來自於幼樹、老樹，或是土壤的耐受度。

松樹與人一樣，對其夥伴非常挑剔，不會壓抑自己的愛憎。因此，白松與懸鉤子、赤松與花大戟、短葉松與香蕨木之間，常有親近友好的共生關係。當我在生長著懸鉤子的地上種下一棵白松時，我可以有把握地預測，一年之內白松就會長出一束強壯的芽，新生出的針葉則會泛著青藍色，展現出健康的豐姿，以及與同伴的情投意合。而和它在同一天種下的松樹，如果是與草為伴，那麼，即或是植根同一種土壤，得到與之同樣的照料，生長速度也要比牠慢得多，花也要少得多。

這些呈青藍色的羽狀松針，筆直健壯地佇立在懸鉤子葉鋪成的紅地毯上，我喜歡於十月漫步其間。我不知道它們是否意識到自己很健康，我只知道，我有覺察到。

松樹贏得了「常青」的名聲，因為它們採取的策略，和政府打造堅定永恆的形象策略一樣，即任期的交疊。松樹每年都會長出新的針葉，而老的針葉要再過一段時間才會脫落，這樣，無論何時看到松樹，人們都會認為松針永遠是綠色的。

每種松樹都有自己的憲法，規定適合其生存方式的針葉在任期限。白松的針葉任期是一年半，赤松和短葉松的針葉任期是兩年半。新的針葉在六月就職，將卸任的針葉則在十月寫下離別宣言。所有的卸任針葉使用同樣的黃褐色墨水寫下同樣的宣言。到了十一月，黃褐色針葉轉為棕色。而後，針葉飄落，歸入樹林的落葉層，從而充實樹林的才智。正是這逐年累積的才智，讓所有從松樹下走過的人都肅然靜默。

在仲冬，我從松樹那裡獲得的東西，有時會比林地政治學、比風和天氣的新聞更加重要。這尤其會發生在某些幽暗的傍晚，這時雪覆蓋了所有無關緊要的細節，大自然的悲傷重重地壓在所有生靈心上，萬籟俱寂。不過，我的每一棵頂著積雪重負的松樹，仍筆挺地成排聳立著。而透過薄暮，我能感覺到遠方尚有成百上千棵松樹的存在。在這樣的時刻，總會有一股勇氣奇妙地湧上心頭。

編號 65290

給一隻鳥戴上了腳環，就像持有一張大樂透的彩券。我們大多數人都持有以自己的存活為賭注的彩券，不過都是從保險公司買來的。保險公司的人太會算計了，不可能把真正的中獎機會賣給我們。如果要賭注的是一隻上了腳環的麻雀是否會落下來，或者一隻上了腳環的山雀是否會在某一天重新落入你設下的陷阱，證明牠還活著，那就是具有客觀性的活動了。

給新來的鳥上腳環時，新手總會非常激動。他在進行一種自我挑戰的比賽，努力打破先前腳環數量的記錄。而對那些老手來說，給新來的鳥上腳環只是一種愉快的例行工作，真正激動人心的是，捉到你在很久以前套上腳環的鳥，你甚或比這隻鳥本身還要了解牠的年齡、經歷以及胃口狀態。

因此，山雀 65290 是否能活過另一個冬天，五年來在我們家裡，一直是至為重要且結局難料的問題。

從十年前開始，我們就在每年冬天設陷阱捕捉農場裡的山雀，給牠們套上腳環。在初冬，我們捉住的鳥絕大多數是沒上腳環的，牠們大部分是當年出生的。裝上腳環之後，我們就可以為這些鳥的活動標註日期了。隨著冬天慢慢過去，沒有腳環的鳥不再出現在陷阱中，我們就可以知道，當地大多數的鳥都已經上了腳環。我們可以從腳環的編號數字，得知附近有多少隻鳥，其中又有多少隻是在前一年戴上腳環後存活下來的。

65290是「1937級」的七隻山雀之一。當牠第一次落進我們的陷阱時，並沒有明顯表現出牠有多麼聰明。和牠的山雀同伴一樣，牠為了一塊肥油而產生的勇氣遠遠超過牠的謹慎之心，我把牠從陷阱中取出來上腳環時，牠還咬了我的手指。戴好腳環被放走後，牠拍翅飛到一根大樹枝上，略有惱意地啄著鋁製的新腳環，抖著亂蓬蓬的羽毛低聲咒罵，然後就匆忙飛走去追趕牠的夥伴了。值得懷疑的是，牠能否從自己的經驗中得出任何有哲理的推論，例如「閃亮的東西不一定都是螞蟻卵」。因為在那個冬天，牠又被我們逮住了三次。

到了第二年冬天，從我們重新捕獲的鳥證明，上一年的七隻山雀減少成了三隻，第三年就只剩兩隻了。到了第五個冬季，65290是牠那一代鳥中唯一的倖存者。此時依然沒有證據能顯示出牠有多麼聰明，但是歷史已經可以證明牠超乎尋常的生存能力。

在第六個冬天，65290沒有出現，隨後的四年裡，依然沒有牠的蹤影，這足以說明，牠已經成了「失聯者」。

十年裡，被我們戴上腳環的九十七隻鳥中，只有65290活過了五個冬天。有三隻鳥活了四年，七隻鳥活了三年，十九隻鳥活了兩年，其餘的六十七隻鳥在第一年冬天後就再未出現過。因此，如果我要向鳥推銷保險，我可以計算出最低的保險金。問題是，我該用什麼貨幣來支付給那些喪偶的鳥呢？我想應該是螞蟻卵吧。

我對鳥類了解得太少，因此只能透過推測來思考65290為什麼能比牠的同伴活得長。牠在躲避敵人時更機智嗎？牠的敵人又是誰呢？山雀太小了，所以幾乎沒有什麼敵人。那被稱作「演化」的反覆無常的傢伙，曾讓恐龍的身軀越來越龐大，直至被自己的腳趾頭絆倒才停止。現在，牠反過來把山雀縮小，直至鷹和貓頭鷹都嫌牠太小，不會把牠當成肉食去追捕，但是又沒有讓牠小到被捕蠅草當成一隻昆蟲抓住。至此，演化看著自己的傑作並開懷大笑。而此後，這渺小卻又充滿偉大熱情的小東西，引起了每個人的嘲笑。

美洲隼、角鴞、伯勞，尤其是體型微小的棕櫚鬼鴞，或許會認為捕殺一隻山雀還是值得的，不過我只發現過一次實際獵殺的證據：一隻角鴞吐出的食繭裡含有我做的一個腳環。可能這些小猛禽對小鳥懷有一種同類之情吧。

最大的可能似乎是，只有天氣這個殺手才如此缺乏幽默感與氣度，竟然會把山雀殺死。我猜想，在山雀的主日學校裡，要訓誡的有兩宗致命之罪：汝不可在冬季貿入多風之地；汝不可在暴風雪前弄溼身體。

我了解到這第二條戒律，是在一個細雨濛濛的冬日黃昏，當時我正注視觀察一群飛入林中棲息的雀鳥。細雨從南方來，但我知道它將在清晨到來之前轉向西北方，並變得刺骨寒冷。這群鳥在一棵死去的橡樹睡下，橡樹的樹皮都已剝落，捲成環狀、杯狀，以及大小不一形態方向各異的各種窟窿。如果鳥選擇了不會被南來細雨淋到，但卻面向北方的棲木，到早晨時肯定會被凍僵。只有選擇了每個方向都不被雨淋的棲木，才能在早晨安然醒來。我想，這就是在鳥類王國賴以生存的智慧，對65290和牠的同類來說亦是如此。

山雀害怕多風的地方，這可以從其舉止輕易地推斷出來。在冬天，山雀只有在風和日麗的平靜天氣裡，才會冒險飛出樹林，風越微弱，牠們飛行的距離就越遠。我知道幾處多風的林地，那裡整個冬天看不到一隻雀鳥，在其他各個季節卻被山雀恣意占用。這些林地之所以會遭到大風的席捲，是因為乳牛吃光了林地下層的植被。銀行家需要更多的農場主人抵押貸款，農場主人需要更多的牛，牛需要更多的牧草。而對依靠暖氣取暖的銀行家來說，風只不過是個小麻煩，唯一例外的，或許只有吹過摩天大樓角落的勁風吧。而對山雀來說，冬天的風為可生存的世界劃下了界限。如果山雀也有辦公室，那麼，辦公桌上的座右銘將會是「保持平靜」。

山雀在陷阱前的行為可以揭露出原因。把陷阱調整一下方向，讓鳥在進入陷阱時尾部吹到風，即使只是微風，你會發現，哪怕是所有的禦馬出陣，都無法把牠拖到誘餌那裡。把陷阱再調轉方向，你就會有不小的收獲。從後面吹進羽毛下面的風又冷又溼，而羽毛是牠的隨身型屋頂和空調。鳾、燈草鵐、樹雀鵐和啄木鳥同樣害怕從後面吹來的風，但是牠們的暖氣設備較大，抗風能力也就較強。關於大自然的書籍幾乎從不會提到風，它們都是在火爐後面寫出來的。

我猜想，在山雀王國還有第三條戒律：汝當探察每一高音噪聲。我們開始在樹林裡伐木時，鳥兒會立刻出現並在一旁等候，直到倒下的樹或劈開的原木露出讓牠們歡欣雀躍的新鮮蟲卵或蟲蛹。一聲槍響同樣會召來鳥雀，不過，這種情況下牠們就不會得到那麼滿意的分紅了。

在斧頭、錘子與獵槍出現之前，是什麼充當了牠們的開飯鈴聲呢？或許是倒下的大樹發出的碰撞聲。一九四〇年十二月，一場冰暴在我們林場裡擊倒了數量可觀的枯死樹幹和大樹枝。之後一個月裡，我們的小鳥對陷阱不屑一顧，冰暴帶來的紅利已經把牠們餵飽了。

山雀 65290 在很久以前就已去往天國了。我希望在牠的新樹林裡，整天都會有塞滿螞蟻卵的大橡樹倒下來，卻從不會有一陣風打擾牠寧靜的生活或影響牠的好胃口。當然我也希望，牠仍然戴著我的腳環。

第二部　地景之書

沼澤地的輓歌

黎明時分，陣風輕輕吹過這片大沼澤。層層霧氣隨風飄過寬闊的泥沼，速度之緩令人幾乎無法察覺。薄霧如同白色冰河的幽靈幻影，越過排成密集方陣的落葉松林，滑過灑滿露水的沼澤草地。四下一片寂靜。

從天邊遙遠的地方隱約響起清脆的鈴鐺聲，輕柔地降臨在側耳聆聽的大地上。之後又是寂靜。緊接著響起某隻獵狗動聽的吠叫聲，隨之很快傳來的是一群獵犬喧囂的回應。而後，清晰響亮的狩獵號角聲在遠處的空中迴盪，消失在層層霧氣之中。

高亢的號角聲，低沉的號角聲，都復歸沉寂。終於傳來的是混雜在一起的喇叭聲、格格的響聲、呱呱的嗓音，以及種種叫聲。迫近的聲音幾乎震撼著沼澤，卻聽不出究竟來自何方。最後，一道陽光照亮了排成梯隊飛近的一大群鳥。牠們出現在逐漸消散的霧氣中，翅膀一動不動地掠過浩浩蒼穹，喧嚷著盤旋降落在牠們的覓食之地。新的一天在群鶴的沼澤地上開始了。

• • •

時間感沉甸甸地壓在這樣一個地方。從冰河期之後，每年春天，沼澤便在鶴群的喧擾聲中醒來。沼澤的泥炭是壓縮了的殘骸，由當年淤塞了池水的苔蘚、遍布苔沼四周的落葉松、還有自從冰原退去後就在落葉松上吹響號角的鶴所共同構成。一代又一代的旅行隊以自己的骨骸建起了這座通向未來的橋，在這片棲息地上，新到來的行者將在此生生不息。

目的何存，結局何在？沼澤地上，一隻鶴一邊吞下一隻倒楣的青蛙，一邊笨拙不雅地躍入空中，有力的翅膀向著清晨的太陽連續拍擊。落葉松間迴盪著充滿信心的鶴鳴，牠似乎知道答案。

• • •

和藝術領域一樣，我們認識自然特質的能力始自於美的事物，從審美的階段依次演進，一直延伸到還無法用語言來捕捉的價值。我想，從這種更高的領域整體來看，鶴的特質也還無法用言詞來表述。

不過，可以說的是，我們對鶴的欣賞程度，隨著地球歷史的緩慢揭開而一起增長。現在我們知道，鶴的部族來自遙遠的始新世，而與牠源自同一動物群的其他成員，早已葬於群山之中。當我們聽到鶴鳴時，我們聽到的並不是單純的鳥叫聲，牠象徵著我們無法駕馭的過去，象徵著千萬年的歲月之流，正是這漫漫歲月形成並制約了鳥類與人類的日常生活。

這些鶴的存在不受限於此時此刻，而屬於更遼遠的時間變遷。牠們年復一年的回歸，有如地質時鐘的滴答運行。牠們為回歸的地點增添了獨特的榮耀。在世間無數的平庸事物中，棲息著鶴的沼澤可謂古生物學意義上的貴族，它們在漫長歲月流轉中贏得了這一身分，只有獵槍才能將之廢止。有些沼澤之所以顯得憂傷，或許正是由於它們失去了曾來棲息的鶴。如今它們只能黯然地在歷史長河中漂流。

對於鶴的這種特質，各個時代的打獵者或鳥類學者似乎都已有所感悟。為了得到這樣的獵物，神聖羅馬帝國的腓特烈大帝放出了他的矛隼；為了得到這樣的獵物，忽必烈汗的鷹曾從高處猛撲而下。馬可．波羅這樣告訴我們：「他從帶著矛隼和鷹的狩獵中得到了最大的樂趣。在察罕諾爾，大汗有一座雄偉的宮殿，周圍環繞著棲息了很多隻鶴的美麗平原。為了讓這些鳥不致挨餓，他派人專門種植了黍和其他穀物。」

瑞典鳥類學家本特．伯格童年時在長滿石南灌叢的荒原看到了鶴，此後一生都以研究鶴為事業。他追隨著牠們到了非洲，發現了牠們在白尼羅河上的冬季棲息地。他這樣描述第一次見到鶴的情形：「那種壯麗奇觀，可以讓《天方夜譚》中的傳奇大鵬黯然失色。」

• • •

冰河從北方移動而下，吱吱嘎嘎地軋過山丘、穿山鑿谷時，一些勇於冒險的冰牆爬上了巴拉布山，之後落回到威斯康辛河的河口峽谷。漲起的水又退下去，形成約有這個州一半長的湖泊。它的東面緊鄰冰崖，山上的融雪匯成急流注入湖水。這一古老湖泊的湖岸線現在仍然可見，湖底就是現在的沼澤底部。

湖泊在許多個世紀裡漸漸上升，最後在巴拉布山以東的地方溢出。它在那裡切割出了一條新的河道，由此完全泄流而出。留下的潟湖引來了鶴，牠們鳴叫著宣告冬天已經撤退敗北，並召喚所有行動遲滯的生靈加入建設沼澤的集體工程。漂浮的水蘚泥炭堵住了水位降低的湖泊，直至把湖填滿。莎草、矮桂樹、落葉松和雲杉相繼進佔沼澤，扎下根系吸收水分，並製造泥炭。潟湖消失了，但鶴並沒有消失。牠們每年春天都回到取代了古老水路的沼澤草地，一邊跳舞鳴唱、一邊哺育瘦長的栗色雛鳥。稱這些幼雛為小鳥，還不如稱之為幼駒恰當，我不想解釋為什麼。如果你在六月一個露重的清晨，看著牠們跟在栗色母馬一樣的大鳥腳邊，在祖傳的草原上歡騰雀躍，你自然就會明瞭。

一些長滿苔蘚的小溪在大沼澤上蜿蜒流淌。並非很久以前，有一年，一個用陷阱的法國獵人穿著鹿皮衣，把獨木舟推上了這樣一條溪流。對於這個侵入牠們泥沼要塞的嘗試，鶴群毫不在乎地高聲嘲笑。一、兩個世紀之後，英國人坐著篷馬車來到這裡。他們在沼澤邊的冰磧層上砍伐林木，開出空地，種下玉米和蕎麥。與察罕諾爾的大汗不同，他們並不是要餵養這些鶴，但是無論是冰河、帝王或拓荒者的意圖，鶴都無意探詢。牠們吃掉了穀物。當一些惱怒的農人拒絕承認鶴對玉米的使用權時，牠們鳴叫著發出警告，飛過沼澤前往另一個農場。

當時那裡還沒有紫苜蓿，因此山地農場是很差的牧草場，尤其是在乾旱的年份。在一個乾旱之年，有人在落葉松間放了把火。燒出的空地很快長成一片拂子茅草地，清除了死樹後就成了可靠的草原。此後，每年八月，人們都會來割乾草。冬天，鶴飛往南方以後，人們會駕著篷車穿過封凍的沼澤，把乾草運到山裡的農場。每年他們都用火和斧頭改變沼澤，只過了短短兩個十年，整個地區就布滿了一塊塊牧草地。

每年八月，曬製乾草的人都會唱著歌，喝著酒，揮鞭吆喝著把篷車趕到這裡，然後搭起帳篷。此時，鶴會哀鳴著，催促牠們的雛鳥撤退到更遠的安全地帶。曬乾草的人把這些鶴稱為「紅鷺」，因為牠們的灰色羽毛在這個季節染上紅褐色。人們堆好乾草，沼澤復歸原主時，鶴會飛回來，呼叫著把來自加拿大的遷徙鳥群，從十月的天空中招引下來。牠們一起在剛收割後的殘莖上空盤旋，對玉米田進行突襲，直到寒霜向牠們發出冬季大遷移的信號。

這些牧草地的歲月，是沼澤居民的桃源牧歌時代。人和動物、植物、土壤共同生活，互相容讓、互惠互利。沼澤本可以繼續這樣培育出牧草和草原榛雞、鹿和麝田鼠、鶴的音樂，以及蔓越莓。

新的地主們並不懂這些。他們的平等觀念並不包括土壤、植物或鳥。在他們眼裡，這樣一種平衡經濟的分紅遠遠不夠。他們不僅著眼於周邊的農場，還想把領地延伸到沼澤之中。一場挖渠開地的狂熱蔓延開來。沼澤上縱橫交織著排水溝渠，新的農田和農莊星羅棋布。

但是莊稼長得不好，而且遭到了霜凍的打擊，開挖成本昂貴的溝渠則帶來了沉重的債務，農場主人紛紛搬走。泥炭層變乾、縮小，開始著火。來自更新世的太陽能，把整個鄉間籠罩在刺鼻的濃煙中。沒有人開口對這種浪費表示抗議，只有人捂住鼻子對這種氣味表示不滿。經過了一個乾燥的夏天之後，就連冬天的雪也無法讓慢慢薰燒的沼澤之火熄滅。田野和草地燒得滿目瘡痍，火勢延伸到數萬年來一直被泥炭覆蓋的古老湖泊，在湖邊的沙地留下了燃燒的痕跡。灰燼中長出了叢生的雜草，一、兩年後，楊樹叢也生長起來。鶴群艱難度日，隨著未被燃燒的倖存草地面積的縮小，鶴的數量也在遞減。對鶴來說，挖土機迫近的聲音就是臨終輓歌。追求進步的領導者對鶴一無所知，更不關心牠們的命運。對工程師來說，一個物種的數量多少有什麼關係呢？沒排乾水的沼澤哪能有什麼好處？

在一、二十年的時間裡，作物的收成越來越差，火越燒越旺，林中空地的面積越來越大，鶴的數量越來越少。似乎只有重新給沼澤灌水才能讓泥炭停止燃燒。一些種蔓越莓的人堵住排水溝渠，讓水重新流進幾塊地區，獲得了不錯的效果；遠方的政客們在大聲疾呼：要解決邊遠的土地、生產過剩、失業救助和資源保護等問題。經濟學家和規劃者前來考察沼澤，勘測員、技術人員和民間資源保護隊[15]蜂擁而至。這次引起人們狂熱的，是把水重新注入沼澤。政府買下土地，重新安置農場主人，大範圍堵住排水溝渠。漸漸地，沼澤重新溼潤起來，火燒後的疤痕變成池塘。草上的火仍在燃燒，但是再也燒不到潮溼的土壤。

當民間資源保護隊撤走，這一切對鶴來說都是有利的。但是在燃燒過的地面上無情蔓延的楊樹叢，對鶴卻不那麼友好。政府的自然資源保護必然帶來了有如迷宮的新修道路，這迷宮更是鶴的敵人。與思考鄉野真正需要什麼相比，修築一條道路要簡單多了。對於那些用字母來命名的保護主義者[16]來說，沒有道路的沼澤似乎沒有價值，就如同未經排水的沼澤，在帝國建築者眼中沒有價值一樣。幽僻，這種尚未以字母命名的自然資源，到目前為止，還只有鳥類學家和鶴懂得珍視。

因此，歷史，不論是沼澤史還是市場史，都以矛盾為終結。這些沼澤的最終價值就是：它們屬於荒野。而鶴是荒野的化身。但是所有的荒野保護都是自我欺騙，因為，想要珍愛荒野，就必須凝視它、親近它，然而，經歷了夠多的凝視與親近之後，也就沒有荒野可供珍愛了。

15 民間資源保護隊（Civilian Conservation Corps），或譯「民間護林保土隊」。一九三三年三月，美國總統羅斯福向國會提交了成立「民間資源保護隊」的議案，該法案計劃為二十五萬青年提供工作，組織他們植樹造林，修堤防洪。同年四月，民間資源保護隊正式成立。八年期間，共有將近三百萬青年參加了民間資源保護隊。

16 這是作者對羅斯福新政時期湧現的各種資源保護機構的諷刺。這些機構名稱多用字母的縮寫，如CCC（民間資源保護隊）、NRA（國家資源管理局）等。

有一天，或許在我們施行善舉的過程中，或許在某個地質時期發展到頂點時，最後一隻鶴會向我們宣告永別，然後從大沼澤盤旋著飛向天空。高高的雲層中又會傳來狩獵的號角聲、幽靈獵犬隊的吠叫聲、叮叮噹噹的鈴聲。接著是沉寂，而這沉寂再也不會被打破了，除非在銀河之中，存在著某個遙遠的草原。

沙地郡縣

每種職業都有一小群專用的形容詞術語，需要一片草原般的地方供這些詞語恣意徜徉。於是，經濟學家們必須為他們偏寵的負面詞語，例如低於邊際收益標準、經濟衰退和制度僵化……等等，尋找可以徜徉的場所。在沙地郡縣遼闊的疆域裡，這些具有指責意味的經濟術語找到了優良的實踐場所，它們在這裡自由自在，也不必擔心像牛虻般一哄而上的批評指責。

同樣，土壤專家如果沒有沙地郡縣也會不太好過。他們的那些灰化土、灰黏土和厭氧菌還能在哪裡找到生路呢？

社會規劃者們近年來也開始利用沙地郡縣，雖然目的有幾分類似，但並不完全相同。在畫著圓點的地圖上，這塊多沙的區域，是一片形狀和規模都很誘人的空白地帶。地圖上的一個圓點可以代表十個浴缸，或者五個婦女志願隊，或者一英哩的瀝青路面，或者一隻純種公牛的共有權。

這種地圖上如果只有一種式樣的圓點，肯定會顯得單調乏味。

總之，沙地郡縣是貧瘠的。

不過，在一九三〇年代，當那些用字母命名的經濟振興措施，像四十人的騎隊一樣在大平原馳騁而過，勸說沙地的農人移居他鄉時，即使聯邦土地銀行提出了頗具誘惑力的3%利率，這些不夠精明的窮人仍不肯走。我開始好奇其中的原因，最後，為了解決疑惑，我給自己買了一座沙地農場。

有時，在六月份，當我看到每一株羽扇豆都不勞而獲地掛著它們分得的露珠時，我會懷疑這片沙地是否真的貧瘠。在那些有能力償還債務的良田上，羽扇豆甚至根本長不出來，更不用說每天收集五彩繽紛的晶瑩露珠了。如果這些農田真能長出羽扇豆，負責雜草控制的官員也一定會堅持把它們除掉。那些人幾乎沒見過灑滿露珠的黎明。而經濟學家曾聽說過羽扇豆嗎？

不願意遷出沙地郡縣的人選擇留在此地，或許是出於植根歷史的深層原因。每年四月，當白頭翁花在每片礫石山嶺盛開時，我都會想到這點。白頭翁花並未多言，但我推測，它們的偏好可以追溯到將礫石搬至於此地的冰河時代。滿是礫石的山脊如此貧瘠，只有白頭翁花可以在四月的陽光下盡情地自由綻放。它們忍受雨雪、冰雹和刺骨的寒風，只為這獨自開花的特權。

還有一些植物似乎也在要求空間，而非要求富饒。在羽扇豆為最貧瘠的山頭抹上藍色之前，小小的匐雪草已經給山頂戴上了鑲著白蕾絲邊的帽子。匐雪草只是不願住在一座好農場上，哪怕是擁有假山庭園和秋海棠的很好的農場。弱小的柳穿魚草也是這樣。它們那麼小，那麼纖細，那麼憂傷，你把它們踩到腳下可能都不會發現；而除了在風沙之地，在哪裡還能見到一株柳穿魚草？

最後還有山薺。在它身邊，即使是柳穿魚草也顯得又高又壯。我還沒遇到過認識山薺的經濟學家。但是，如果我是個經濟學家，我在思索經濟學的問題時，肯定要俯臥在沙地上的山薺旁。

有些鳥也只有在沙地郡縣才能發現，原因有時易於推測，有時很難猜想。泥色雀鵐在那裡，顯然是因為傾心於北美短葉松，而短葉松迷戀著沙地。沙丘鶴在那裡，顯然是因為喜歡僻靜，而在別處已經沒有僻靜之地了。但是，為什麼丘鷸喜歡在沙地區域築巢呢？

牠們的選擇並非出於食物之類的世俗原因，畢竟肥沃的土壤裡才有更多的蚯蚓。經過幾年的研究後，我認為自己找到了原因。雄鷸在奏響空中之舞的「ㄆㄧㄣ·ㄘ」序曲時，就像是穿著高跟鞋的小個子女士，地面如果長滿盤根錯節的濃密植被，牠就不容易展露風采。但是，在沙郡最貧瘠的牧場或草地上，至少在四月，除了苔蘚、山薺、碎米薺、小酸模和蝶鬚，這些對短腳鳥也不會構成障礙的植物之外，沙地上沒有其他任何遮蔽。雄鷸可以在此得意地昂首闊步或裝模作樣踩著小碎步，不僅沒有任何阻礙，而且能讓觀眾一覽無遺地觀看表演，無論是正在看的，或期盼牠來看的觀眾。這個小環境在一天中只有一小時，在一年中只有一個月是重要的，在兩性中或許只對一方是重要的，和生活的經濟水準當然也毫不相關，卻決定了丘鷸對棲居地的選擇。

經濟學家目前尚未試圖讓丘鷸遷居。

奧德賽之旅

自從古生代的海洋淹沒了這片陸地以來，原子X就開始停留在石灰岩脊中。對於在岩石裡封存的一個原子來說，時間是凝滯的。

一棵大果櫟的根向下扎進一道裂縫，開始撬開岩石並吸取營養時，變化發生了。一個世紀轉瞬即逝，岩石風化了，X被拉出來，進入生命的世界。它參與構建了一朵花，花變成了一顆橡實，橡實養肥了一隻鹿，鹿餵飽了一個印第安人，這些都發生在一年之中。

X停留在這個印第安人的骨骼裡，再次經歷了追逐和飛奔、盛宴和饑荒、希望和恐懼。這些事情給它的感覺，就如同每個原子在時時發生的化學推拉過程中所經歷的變化。印第安人永別草原後，X在地下很快就被分解，進入大地的循環系統，開始了它的第二次旅行。

這次把它從泥土中吸收出來的是鬚芒草的支根，它被安置在一片葉子上，隨著六月大草原的綠色波浪一同起伏，一起完成貯存陽光的共同任務。這片葉子還要完成一項不尋常的任務：為一隻鴴鳥的蛋遮蔭。心醉神迷的鴴鳥在高空盤旋，盡情讚美著某種完美的事物，或許是牠的蛋，或許是陰影，或許是草原上那一片朦朦朧朧的粉紅色福祿考。

鴴鳥啟程飛往阿根廷時，所有的鬚芒草都以長長的新穗向牠們揮別。當第一批大雁從北方飛來，所有的鬚芒草都閃耀著酒紅色時，一隻謹慎節儉的北美鹿鼠把X所在的葉子咬下來，埋在地下的巢裡，似乎是要藏起一點小陽春，免得溫暖全被寒霜偷走。但是一隻狐狸拘押了鹿鼠，黴菌和真菌分解了鹿鼠的巢穴。X再一次躺在泥土中，無拘無束，無牽無掛。

接下來它先後進入了一叢垂穗草、一頭野牛、一堆牛糞，然後又回到了土壤。之後是一株水竹草、一隻兔子、一隻貓頭鷹，最後是一叢鼠尾粟。

一切例行程序都有盡頭。這次旅程在一場草原大火中結束，火把草原植物變成了煙、氣體和灰。磷和鉀留在灰燼中，氮原子卻隨風而逝。旁觀者或許已經預測到了，這齣生命戲碼將提早終結，因為大火耗盡了氮之後，土壤也會失去植被並被風吹走。

但是草原有應變策略。草因為火變得稀疏，各種豆科植物卻在火後茂密生長，草原苜蓿、胡枝子、野菜豆、野豌豆、灰毛紫穗槐、白脈根和北美靛藍，每一種豆科植物都把自己的細菌藏在支根的根瘤裡，每一個根瘤都從空氣中取氮，使之進入植物，最終進入土壤。因此，大草原的儲蓄銀行透過豆科植物存入的氮，比在火中支出的氮更多。大草原是富有的，這一點連最低等的鹿鼠都知道，然而草原為什麼富有，在時間的不斷推移中卻很少有人問起。

在兩次動植物旅程之間的時間，X躺在土壤裡，隨著雨水一寸一寸地向山下移動。活的植物以貯存原子來延緩流失，死去的植物則把原子封存在腐爛的組織裡。動物吃掉植物後，把原子帶往山上或山下，具體情況取決於動物死亡或排泄處比牠們進食處高還是低。沒有哪隻動物會意識到，牠死亡時位置的高低，比死的方式更重要。一隻狐狸在草原上抓到了一隻囊鼠，把X帶上山，來到牠在懸崖邊緣的窩。隨後，就在那裡，一隻鷹殺死了狐狸。垂死的狐狸能感覺到牠在狐狸國度的生命篇章即將結束，卻不知道一個原子的漂泊之旅就要揭開新的一頁。

一個印第安人最終得到了鷹的羽毛，並把它獻給命運之神。他認為神靈對印第安人恩寵有加，但他並未想到過，諸神可能正忙著利用地心引力拋擲骰子，而鼠和人、土壤和歌聲，可能都只是延遲原子朝向大海前進的方式而已。

有一年，X正躺在河邊的楊樹裡時，一隻河狸把牠吃掉了。河狸覓食的地方總是比牠死去的地方更高。河狸的池塘在一場嚴霜中乾涸了，河狸也餓死了。春天來臨，X乘著死去的河狸，順著融雪引起的洪水流向山下，每小時所失去的高度都比先前一個世紀更多。最後，它停在一個由洪水迴流形成的牛軛湖淤泥裡，先後被一隻淡水螯蝦、一隻浣熊和一個印第安人吃了下去，並隨印第安人在河岸邊的山丘下長眠。一年春天，牛軛湖的水流沖塌了堤岸，短短一星期的洪水沖擊後，X又一次回到了它曾被禁錮的古老監獄——大海。

在生物界逍遙自在的原子太自由了，根本不知道自由的價值；回到海洋的原子則會忘記自由。每當一個原子迷失在大海，大草原就會把另一個原子從風化的岩石中拉出來。唯一確定的事實就是，生物必須努力吸收養分，迅速生長，並且常常死亡，以免草原所失多於所得。

• • •

伸入裂縫是根的天性。當根系把Y從母體岩石中釋放出來時，一種新的動物已經到來，並開始按照自己的法律和秩序觀念來清理草原。一群牛翻起了大草原的草皮。Y棲身於一種名叫小麥的新生草種之中，開始了一連串一年一次、讓人頭暈目眩的旅行。

過去，大草原依靠動植物的多樣性而存在，所有的動植物都有用處，它們合作與競爭的總和力，讓草原永續發展。不過，種麥子的人建立了自己的一套分類系統，在他眼裡只有小麥和牛群是有用的。他看到無用的鴿子成群地落在小麥上，很快就把鴿子從天空中清除。看到麥長蝽接替了鴿子的偷竊工作時，他怒氣沖沖，因為麥長蝽這種無用的蟲子小得讓人無法消滅掉。但他沒有看到，過度種植小麥造成了水土流失，土壤被春天的急雨沖刷得光禿禿的。在土壤流失和麥長蝽為小麥種植畫上句號時，Y和它的同伴已經順水旅行了很遠。

在小麥帝國崩潰時，拓荒者開始向古老的草原學習。他們在家畜身上貯存肥力，利用能吸收氮的紫苜蓿增強肥力，並種植扎根很深的玉米，來開發下層土壤的潛力。

不過，由於他採用了紫苜蓿以及其他新式武器來抵禦土地流失，結果他不僅要維護原來的耕地，還要開發新的耕地，而新的耕地之後也變得需要維護。

因此，儘管有了紫苜蓿，黑色的沃土層還是越來越薄。為了減少流失，水土保持工程師修建了水壩和梯田，軍隊的工程師則修建堤防和側壩，從而攔住土壤，不讓土壤被水沖走。河流不再奔湧，河床卻升高了，影響了航運。因此，工程師建造了像河狸池塘一樣的泉水塘。Y就在其中一座水塘停了下來，它從岩石到河流的旅程，只用了短短一個世紀就結束了。

剛到水塘時，Y在水生植物、魚和水禽之間進行過幾次旅行。但是工程師在修建水壩之外還修了下水道，所有從遠山和大海那裡俘獲的戰利品，都流進了這些下水道。原子們當年曾在白頭翁花中歡迎鴿鳥歸來，現在卻被囚禁在油膩膩的污泥裡，不知所措，毫無生機。

根系仍然探入岩石之間，雨水仍然沖刷著田野，鹿鼠仍然藏起小陽春的紀念品。參與過消滅鴿子的老人，仍然敘述著讓群鳥亂舞的光榮事跡。黑白相間的野牛仍然在紅色牛欄間進進出出，為巡遊的原子們提供免費交通。

旅鴿紀念碑

為了紀念一個種群的葬禮，我們豎起了一座碑。這座碑也代表著我們的悲傷。我們感到悲傷，因為再沒有活著的人能看到這凱旋之鳥的宏偉方陣。牠們飛過三月的天空，為春天掃清道路，牠們追逐著敗北的冬季，將之驅趕出威斯康辛的所有樹林和草原。

年輕時記住了旅鴿[17]的人們，現在仍然活著，年輕時在鴿群掠起的風中搖動的樹，現在仍然活著。然而十年之後，還能記得這些鳥的，將只有最老的橡樹。而到了最後，還能知道這些鳥的，將只有山丘。

在書本中和博物館裡總還會看到旅鴿，不過那只是雕像和圖片，它們感覺不到痛苦，也不知歡樂。書本裡的鴿子不可能從雲間俯衝下來，嚇得鹿匆忙尋找地方躲藏，也不可能在掛滿堅果的

17 生活在北美洲的旅鴿（passenger pigeon），被認為是史上數量最多的鳥，曾多達五十億隻，但在五十年間迅速滅絕。旅鴿被人類大量捕捉製成食物或飼料，用羽毛製作枕頭、棉被，甚至成為休閒打獵的對象。毫無節制的獵捕和森林開發，加上旅鴿數量的自然波動，讓旅鴿數量大減。一九〇〇年，最後一隻野生旅鴿在美國俄亥俄州被射殺。一九一四年，動物園裡的最後一隻旅鴿死亡，正式宣告旅鴿的滅絕。一九四七年，威斯康辛鳥類學會在威斯康辛Wyalusing州立公園，豎立了旅鴿紀念碑。

樹林中飛翔，引起雷鳴般的掌聲。書本裡的鴿子不可能在明尼蘇達州新收割過的麥田吃早餐，也不可能以加拿大的藍莓為正餐。它們沒有季節的緊迫感，它們感受不到陽光的親吻，也感受不到風霜雨雪。它們將永存，但那並非真正的存活。

我們的祖父不如我們吃得好、穿得好、住得好，他們努力改善生活，卻使我們失去了鴿子。我們現在之所以悲傷，或許就是因為內心深處無法確定，我們從這種交換中是否真的得到了好處？各種工業產品讓我們的生活更加舒適，這是鴿子做不到的，但是工業產品能像鴿子一樣為春天增添光彩嗎？

自從達爾文讓我們初次瞥見物種起源的面貌以來，一個世紀已經過去了。我們現在知道了以前各代旅人全都不知道的事情：人類只是在演化之旅中與其他生物同路的旅行者。這一新的認識現在應讓我們對同路的生物產生一種同胞之情，讓我們希望與其他生物同生共存，讓我們對生物界的浩瀚與恆久為觀止。

最重要的是，在達爾文之後的這個世紀裡，我們應該認識到，人類現在雖是一艘探險船的船長，但並不是這艘船探尋的唯一目標，人們先前假定自己是唯一的中心，只是因為必須在黑暗中鳴笛壯膽。

我認為，所有這些都是我們應該認識到的。但我擔心，認識到這些問題的人仍然不多。

一個物種哀悼另一個物種的消逝，這是太陽底下的一件新鮮事。殺死了最後一隻猛獁象的克羅馬努人，想到的只是烤肉；射下最後一隻旅鴿的獵人，想到的只是狩獵技能；用棍子打死最後一隻海雀[18]的水手，什麼都沒有想到。但是，我們這些失去了旅鴿的人，卻在為這個損失哀悼。如果這是我們的葬禮，鴿子大概不會為我們哀悼。可以客觀地證明我們超越其他動物的，正是這個事實，而不是杜邦先生發明的尼龍，或萬尼瓦爾．布什先生的炸彈[19]。

● ● ●

這座紀念碑猶如棲落在懸崖上的一隻遊隼，在未來的歲月裡，它將日復一日、年復一年地環視這座寬闊的山谷。很多個三月裡，它將看到飛過的大雁，對著河水講述凍原上更清澈、更冷冽、更幽靜的水域。許多個四月裡，它將看到紫荊開了又謝。許多個五月裡，它將看到發出新枝的橡樹在上千座山丘綻放花朵。而後，林鴛鴦將在椴木中尋找空心的枝幹，金色的藍翅黃森鶯將從河柳上抖落金色的花粉，白鷺將在八月的泥沼搔首弄姿；鴴鳥將在九月的天空鳴囀啼叫。山核桃將啪嗒啪嗒地掉入十月的落葉，而冰雹將嘁哩喀喳地擊打著十一月的樹林。但是，沒有旅鴿經過，因為再也沒有旅鴿了，只剩下這塊岩石上不會飛翔的青銅雕像。遊客可以讀到紀念碑上的銘文，

18　大海雀（Greatauk）也是知名的已滅絕動物，原廣泛生活在北大西洋的各海島上，外形類似企鵝。大海雀因無懼於人類，相當好捕捉，濫捕的結果加上棲地破壞，於一八五二年滅亡。

19　杜邦公司是由杜邦家族組成的世界最大的生產和銷售化學品的公司之一。萬尼瓦爾．布什（Vannevar Bush）是美國著名電氣工程師、科學家和管理者，二戰期間曾在美國的軍火研究中發揮重要作用。

但是，他們的思想無法振翅高翔。

經濟學家訓誡我們說，哀悼旅鴿只不過是出於懷舊情緒，即或捕獵者沒有獵殺旅鴿，農人為了自衛，最終也將不得不除掉牠們。

和那些特定的真理一樣，這說法聽起來頗有道理，但並不是因為上面這些原因。

旅鴿曾是生物界的風暴。土壤的肥力和空氣中的氧是兩種強大而不相容的對立能量，而旅鴿就是二者之間激發出的閃電。每一年，羽毛風暴呼嘯著席捲整個北美大陸，吸進森林和草原的纍纍果實，並在旅途中用生命的勁風燃燒這些果實。像其他各種連鎖反應一樣，鴿子風暴的能量強度降低時，鴿子也難以倖存下來。當捕鴿者減少了鴿子的數量，拓荒者又切斷了鴿子的生命燃料供給時，鴿子的生命之火也就逐漸熄滅，再也沒有劈啪作響的火苗，甚至再也吐不出一縷輕煙。

今天，橡樹仍然向天空炫耀著它們的纍纍果實，但是羽毛閃電已不復存在。現在，蠕蟲和象鼻蟲必須緩慢地、安靜地執行曾從蒼穹中引來雷霆的生物任務。

令人驚嘆的不是旅鴿的滅亡，而是牠們曾經安然地活過巴比特時代之前的漫長歲月。

• • •

旅鴿熱愛牠的土地。在生活中，牠們對成串的葡萄和飽滿的山毛櫸堅果充滿強烈的渴望，而且絲毫不把漫長里程和頻繁的季節更迭放在眼裡。如果威斯康辛州今天沒有給牠們提供免費食物，明天牠們就將到密西根州、拉布拉多半島或田納西州搜尋。牠們愛的是當前的事物，而這些事物總會在某個地方出現。為了找到所愛，牠們只需要自由的天空，以及用力揮動翅膀的意願。

熱愛過去的事物，這是太陽底下的新鮮事，也是大多數人和所有鴿子都不了解的。從歷史的角度審視美國，把命運視為變化的過程，聞一聞歷經平靜流逝歲月的山核桃樹的芳香——所有這些對於我們都是可能做到的。為了完成這些事情，我們同樣只需要自由的天空，以及用力揮動翅膀的意願。可以客觀地證明我們超越其他動物的，正是這些事物，而不是布什先生的炸彈或杜邦先生的尼龍。

弗蘭波河的獨木舟

從未在野外的河流中划過獨木舟，或是划獨木舟時有嚮導坐在船尾陪伴的人，常常以為這種旅行的價值，就在於可以感受新奇的事物並經歷有益健康的運動。我過去也是這樣認為，直到我在弗蘭波遇見了兩個正在讀大學的男孩子。

晚餐用的碗碟已經洗好，我們坐在岸上，望著一隻雄鹿弄溼了身體去吃遠處岸邊的水生植物。突然，這隻鹿抬起頭，朝著河流上游豎起耳朵，然後蹦跳著尋找可以隱蔽的地方。

河流的拐彎處出現了兩個划著獨木舟的男孩，這就是令鹿驚慌的原因。看到我們後，他們把船靠近，對我們打起了招呼。

「請問幾點了？」這是他們的第一個問題。他們解釋說，自己的錶停了，有生以來還是第一次沒有鐘錶、汽笛或收音機來對時。兩天來他們一直按照太陽所指示的時間生活，這種生活讓他們興奮而又有些不安。沒有人給他們端上三餐，他們如果不能從河流中獲取肉食就要挨餓。沒有交通警察吹哨警告他們避開隱藏在下一個急灘中的礁石。如果他們對是否搭帳篷作出了錯誤判斷，就沒有友善的屋頂為他們擋風遮雨。沒有嚮導提醒他們，哪個宿營地整夜都有微風，哪個宿營地整夜都有惱人的蚊子，哪些木柴可以成為充分燃燒的木炭，哪些木柴只會冒煙。

年輕的冒險者們在向下游前進前告訴我們，兩人都將在結束旅行後加入陸軍。現在，旅行的主題已經很明確了。這是他們第一次，也是最後一次感受到自由的滋味。在校園和軍營這兩種嚴格管制的生活之間，這次旅行是一個插曲。他們對簡樸自然的野外之旅倍感興奮，不僅是因為新奇的感受，也是因為可以充分享有犯錯誤的自由。荒野讓他們第一次嘗到對明智行為的獎勵和對愚蠢行為的懲罰，這本是每個林地居民每天都要面對的，但是文明已經製造了上千個緩衝器來減緩自然的獎懲。在這一特殊意義上，這些男孩是獨立自信的。

或許每個年輕人都需要偶爾到荒野中旅行，從而了解這種特殊自由的含義。

年少時，我父親每次講述該選擇的野營地、釣魚地點和森林時，都會說它們「差不多像弗蘭波河一樣好」。我終於把獨木舟划到這傳奇般的河流上時，卻發現作為一條河流，這裡與我的期望差不多，但是作為荒野卻已瀕臨死亡。新的小型別墅、度假地和公路橋樑，正在把荒野一片片分割得越來越小。沿著弗蘭波河順流而下，各種交替的印象在你的眼前拉鋸似地變換，你剛剛以為身在荒野，卻馬上就看見了大小船隻停泊的地方，接著沒多久，小舟又會沿著岸邊某個別墅主人的牡丹花叢駛過。

安全地經過這些牡丹，一隻躍到岸上的雄鹿讓我們重獲荒野的感覺，接下來的急流湍灘完全肯定了這種印象。但是在下游一個池塘旁，一棟合成木造小屋正瞪視著你，小屋有合成材料的屋頂、歡迎到來的招牌，以及可供人們在下午打橋牌的生銹棚架。

保羅．班揚[20]忙得沒時間顧及後代子孫。不過，如果曾有人要求他保留一處地方，供後人一睹古老北方森林的面貌，他很有可能選擇弗蘭波流域，因為在這裡幾英畝的土地上，生長著最好的白松、糖槭、黃樺以及鐵杉。這種松林和硬木林的混雜生長，不論過去還是現在都很不尋常。弗蘭波的松樹生長在硬木林的土壤上，這些土壤要比普通的松林土壤更肥沃，因此這裡的松樹非常高大值錢。再加上它們如此接近適宜運送原木的溪流，於是人們很早就已經開始砍伐這些松

20　保羅．班揚（Paul Bunyan），美國民間傳說中的伐木巨人，他富有機智，擁有超人般的力量和敏捷。

樹，那些已經腐爛的巨大樹樁就可以證明這一點。只有存在缺陷的松樹才能逃過劫難。不過，今天仍然存活的這類松樹，為昔日豎起了許多綠色的紀念碑，它們足可妝點弗蘭波的天際線。

對硬木的砍伐在很後期才開始。事實上，最後一家大規模的硬木公司拆掉最後一條伐木鐵路，也不過是十年以前的事。那家公司現在唯一留下的，就是在被遺棄城鎮中的「土地辦公室」，向充滿希望的開拓者出售砍伐後的林地。美國歷史上的一個時代就這樣結束了——一個把樹全砍光，一走了之的時代。

就像在廢棄營地的廢棄物中尋找食物的郊狼一樣，伐木時期之後的弗蘭波，在經濟上依靠的是過去留下來的東西。砍伐紙漿木材的臨時伐木工人，在斷枝殘幹中，尋找伐木時期僥倖漏網的小鐵杉樹。拿著攜帶式鋸木機工人，沿河搜尋著沉在河床裡的原木，這些原木多數是在那拼命順著水流運輸木材的光輝歲月中沉沒的。粘著泥巴的樹木遺骸被一排排地拉到岸邊那些舊時的停泊地，所有的木頭都還保存完好，其中一些甚至頗有價值，因為現今在北方的森林裡裡已經找不到這樣的松木了。尋找木柱、木桿材料的人，砍取林澤裡的北美側柏，鹿跟在他們周圍，吃掉倒地樹木上的葉子。一切都依靠過去留下的東西生活。

這些清理工作進行得太徹底了，結果當代的度假者要建一座原木小屋時，只好使用原木的仿製品，這些原料從愛達荷州或俄勒岡州的木板堆裡鋸出來，由貨運卡車送到威斯康辛的森林。有句英文諺語說：把煤送到產煤的紐卡斯爾，意思是多此一舉，與這裡的情況相比，這個諺語只是溫和的諷刺。

不過河流還在那裡，還有幾個地方自從保羅．班揚的時代以來，幾乎沒有發生任何改變。破曉時分，汽艇醒來之前，人們仍然可以在野外聽見河流的歌唱。在幾片很幸運地劃歸政府所有的林區，樹木沒有遭到砍伐，那裡還殘留著一定數量的野生動物，例如河裡的北美狗魚、鱸魚和鱘魚，在沼澤繁殖的秋沙鴨、綠嘴黑鴨和林鴛鴦，在空中遊弋的魚鷹、鵰和渡鴉。到處都是鹿，牠們的數量實在不少，在船上的兩天裡，我就看到了五十二隻鹿。仍有一兩隻狼在弗蘭波上游出沒，一個以陷阱捕獸的人還宣稱他看到過一隻貂，雖然一九〇〇年以來弗蘭波從沒出過一張貂皮。

從一九四三年開始，自然資源保護部門以這些殘存的荒野為核心，努力把流域的五十英哩地區，恢復成無人居住的荒野，以供年輕的威斯康辛州利用與欣賞。這一荒野地區位於州有森林的範圍中，但是河岸禁止林業開發，而且儘可能減少穿過這裡的道路。自然資源保護部門耐心地花時間——有時也要花高價——購買土地，搬遷農舍，封鎖不必要的道路，整體來說，把時間儘可能遠推回原始的荒野時代。

曾為班揚孕育上等松木的弗蘭波優質土壤，在這近十年來，也為魯斯克郡帶來了酪農業的發展。酪農們希望使用比當地電力公司更便宜的電，因此自己組織了合作性質的農村電力管理局

（REA），並在一九四七年申請修建水力發電站，如果發電站建成，將徹底毀滅下游正欲恢復為可供獨木舟行駛的五十英哩水域。

一場尖銳而激烈的政治論戰開始了。州議會對酪農們的壓力很敏感，卻沒有注意到荒野的價值，因而不僅批准了建設 REA 水壩，也剝奪了自然資源保護委員會今後對於發電站設置場址的全部發言權。弗蘭波僅存的獨木舟區，以及這個州裡其他所有未開發的河流，最終可能都會被用來發電。

或許我們的孫輩永遠無法看到未開發的河流，永遠不會懷念在唱著歌的河流上泛舟的日子。

在終結中離去

老橡樹在樹皮遭到環狀剝離後，枯死了。

廢棄的農場裡總有不同程度的死亡。一些老房子會斜瞥你一眼，似乎在說，「早晚會有人搬進來，等著瞧吧！」

不過這座農場是不會再有人搬進來了。人們為了從穀倉周圍榨出最後一點收成，進而將老橡樹的樹皮環狀剝下，這和燒掉家具取暖是一樣的結局。

伊利諾州和愛荷華州

Illinois and Iowa

伊利諾州巴士之旅

在屋外的院子裡，一個農場主人和他的兒子拉動橫鋸，鋸入一棵白楊樹。那是一棵又粗又老的楊樹，露在樹幹外面可以拉動的鋸片只有一英呎長。

曾幾何時，那棵樹是茫茫草海上的一個浮標。喬治．羅傑斯．克拉克[21]或許曾在樹下宿營，野牛或許曾在樹蔭下休憩，悠閑地搖著尾巴趕蒼蠅。每年春天，它都為振翅飛過的旅鴿提供棲息地。它是州立大學圖書館之外最好的歷史圖書館，但是它一年一度飄落的柳絮會卡住農場主人的紗窗。人們認為，這兩項事情，只有後者才重要。

州立大學告訴人們，榔榆不會卡住紗窗，所以比白楊更可取。對於加工櫻桃蜜餞、布氏桿菌病、雜交玉米和美化家園，州立學院也曾同樣自負地夸夸其談。對於農場，大學不知道的只有一件事，就是它們來自何處。大學的工作只是讓伊利諾斯州安全穩定地生產大豆。

21 喬治．羅傑斯．克拉克（George Rogers Clark, 1752-1818），美國拓荒者、獨立戰爭領導人。

我乘坐著時速六十英哩的公共汽車，駛過一條最初為馬和輕便馬車修建的公路。帶狀的混凝土被反覆加寬，直至田地的籬笆幾乎要倒在路塹裡。在修整過的路堤和搖搖欲墜的柵欄之間，長著窄窄的草皮，那裡是大草原時代的伊利諾州的遺跡。

巴士裡沒有哪個乘客注意到這些遺跡。一個農人滿臉焦慮，他的襯衫口袋露出了肥料帳單的一角。他茫然地望著羽扇豆、胡枝子或北美靛藍，原本是這些植物吸取草原空氣中的氮並將之注入他的黑色壤土，但他並沒有發現這些植物和那些暴發戶般的魁克麥草有什麼不同。如果我問他，為什麼他在這裡的地能收一百蒲式耳[22]的玉米，沒有草原的各州至多能收獲三十蒲式耳，他可能會回答說這裡的土壤比較肥沃。如果我問他，那些繞著籬笆、開著白色穗狀花序、模樣像碗豆的植物叫什麼名字，他會搖頭說那都是些雜草吧。

一座公墓在車窗外一閃而過，公墓邊緣閃耀著草原紫草。其他地方沒有紫草，澤蘭和苦苣菜用黃色圖案裝飾現代社會的地景，但草原紫草只和死者交流。

一隻高原鷸撥動心弦的歌聲從打開的車窗傳到我的耳畔。當年，野牛在高度及肩、無邊無際的大草原跋涉時，牠的祖先曾跟在牛身後走入已被遺忘的草原花海。一個男孩發現了這隻鳥，對他的父親說，「那兒有隻鷸。」

22 蒲式耳（bushel），大約等於三十五升。

路邊的告示牌上寫著，「你已進入格林河土壤保護區」。較小號字體寫著此處協同工作者的名單，字太小了，從行進的汽車上看不清楚。那肯定是保護區工作者的人名錄。

告示牌上的油漆塗得很均勻，它豎立在河谷底下的一片草地上，草矮得可以供人在上面打高爾夫球。附近是一處已乾涸的環狀河床，形狀很優雅。新挖的河床像尺一樣筆直。為了加快河水的流速，郡縣的工程師把這裡的河床「拉直了」。後面的山上是依山開出的帶狀耕地，為了緩和水流，防治侵蝕的工程師把那裡的河床「弄彎了」。這裡的水肯定被這麼多建議弄得不知所措。

• • •

這座農場上所有的東西都意味著銀行裡的錢。農莊裡盡是新的油漆、鋼鐵和混凝土，穀倉上標註的日期在紀念那些創建者。屋頂上立著避雷針，指示風向的風信雞，因為新鍍的金色昂首作勢，就連那些豬看上去都是有能力還債的樣子。

林地裡的老橡樹沒有後代。沒有樹籬、灌木籬、柵欄、地壟或其他無用的管理標誌。玉米田裡有肥壯的公牛，不過或許沒有鵪鶉。狹窄的帶狀草皮上立著籬笆。所有曾在倒刺鐵絲網附近犁耕的人，肯定都會異口同聲地說，「不浪費則不愁缺。」

在河谷低處的牧草地上，水沖來的垃圾高高地堆積在灌木叢中。河岸沒有經過修整，大塊大塊的伊利諾州土壤已經脫剝下來流向大海。成片高大的豬草，顯示水流在那裡放下了再也載不動的淤泥。究竟是誰有能力還帳，時間又能維持多久呢？

● ● ●

公路像一條拉緊的帶子，在玉米地、燕麥地和苜蓿地之間延伸；巴士已經駛過了可觀的里程；乘客不斷地談論著。談些什麼呢？

棒球、稅收、女婿、電影、汽車和葬禮。但是他們不會談到疾速行駛的巴士車窗外那海浪般起伏的伊利諾州大地。他們的伊利諾州沒有起源，沒有歷史，沒有淺灘與深淵，沒有生生死死的潮漲潮落。對他們來說，伊利諾州只是承載著他們駛向未知港口的大海。

踢蹬的紅腿

每次回顧起我最早的印象時，我總是會想，通常被稱之為成長的過程，實際上是否是衰頹的過程？而那些成年人認為孩童欠缺的經驗，實際上是否是以生活瑣事稀釋事物的本質？我至少可以肯定的是，對野生動物的最初印象以及追求，在我的記憶中保留著鮮明生動的形象、色彩和氛圍，即或積累了半世紀有關野生動物的專業經驗，也無法將之抹去或加以粉飾。

像大多數野心勃勃的獵人一樣，我在很小的時候就得到了一支單筒獵槍，並被允許去打兔子。那是一個冬天的星期六，我在前往我最喜歡的兔子出沒地時，經過了那個當時覆蓋著冰雪的湖泊。我注意到在岸上的風車將溫水注入湖泊的地方，形成了一個不大的「氣孔」。所有的鴨子早都啟程飛到南方去了，但當時，我就在那裡形成了我的第一個鳥類學假說：如果有隻鴨子留在這個地區，那牠遲早會來這處沒有封凍的地方。我克制住了對兔子的渴望（當時這樣做可是很了不起呢），坐在凍結的泥土上，冰冷的蓼草中，開始等待。

我等了整整一個下午。每隻飛過的烏鴉，每聲風車運轉發出的風溼性呻吟，都讓我感到越來越冷。最後，日落時，一隻孤單的黑鴨從西方飛了過來。牠沒有進行預備性的盤旋，就張著翅膀直接向氣孔俯衝下來。

我不記得是怎樣開槍的。我只記得，當我的第一隻鴨子砰然落在雪地上，肚子朝天躺在那裡，踢蹬著紅色的雙腿時，我的喜悅無法言表。

我父親在給我這支獵槍時說，我可以用牠捕獵榛雞，不過不能在牠們停在樹上時射擊。他說我年齡夠大了，可以學著射擊空中飛翔的鳥了。

我的狗擅長把榛雞趕到樹上，然而，我在倫理規範接受的第一項訓練，就是放棄停在樹上肯定能射中的鳥，而去選擇不太可能射中的飛逃的鳥。和樹上的榛雞比起來，魔鬼和他的全部王國都算不上什麼誘惑。

我的第二個榛雞狩獵季節即將結束時，我還是一隻榛雞也沒打到。有一天，在我穿過楊樹叢時，一隻大榛雞呼嘯著從我左邊飛了起來。牠飛到楊樹上空，然後又從我背後繞過去，拼命衝向最近的側柏沼澤地。我開槍了，是出現在榛雞捕獵者夢中的那種旋轉式射擊。榛雞在四下飛散的羽毛和金色樹葉中跌落下來。

我打下的第一隻飛翔中的榛雞落在了多苔蘚的地面，我今天仍能為那個地方描繪出一幅地圖，註明每一叢紅色的加拿大山茱萸和藍紫菀。我想，我現今對這些植物的喜愛，就是從那一刻開始的。

亞利桑那州和新墨西哥州

Arizona and New Mexico

夏日的白山

我最早在亞利桑那住下時，白山還是騎馬者的世界。除了幾條主要的道路以外，這裡對馬車來說太崎嶇了。沒有汽車通過，而徒步旅行要走的路又很遙遠，就連放羊的人也要自己騎馬。因此，排除上述交通方式之後，這個占地和郡縣一樣大、被人稱為「山頂」的高原，就成了騎馬者的專享領域：騎馬的牧牛人、騎馬的牧羊人、騎馬的林務官、騎馬的設陷阱捕獸者，還有那些邊界地帶經常可以看到的來歷不清、去向不定、身分不明的騎馬者。這一代人很難理解這種由交通工具取得的空間貴族身分。

在距離此地以北兩天路程的鐵路城鎮，就不存在這裡的情況。在那裡你的旅行方式可以有如下選擇：穿皮鞋步行、騎驢、騎牧牛人的馬、乘四輪平板馬車、乘運貨馬車、乘坐貨運火車的車務員專用車廂，或乘坐高級的臥鋪火車。每一種旅行方式都代表一個社會階層，每個階層的人都說著屬於自己這個階層的獨特話語、穿獨特的衣服、吃獨特的食物、光顧不同的酒吧。他們的共同之處只是到商店買東西都要付錢，而且共同擁有亞利桑那的塵土和陽光。

當北方城鎮裡的人們向南穿過平原和方山[23]，朝著白山前進時，隨著各自的交通工具變得無法通行，這些階層就一個個消失了。最後，在山頂，騎馬者一統天下。

這一切當然已被亨利．福特的汽車革命改變。現今，飛機甚至把暢遊天空的權利給予了每一個人。

• • •

在冬季，就連騎馬人都無法登上白山山頂，因為高原草地上的雪太深了，而只有一條小道的小峽谷也堆滿了積雪。在五月，每個峽谷都轟鳴著帶冰的急流，不過，此後不久你就能攀越山頂了——只要你的馬敢在齊膝的泥濘中攀爬半天的時間。

在山腳的小村莊裡，每年春天都會有一次心照不宣的競賽，看哪個騎馬人能最先進入那高聳入雲的幽僻之地。我們許多人都嘗試過，卻不曾停下來分析這樣做的緣由。傳聞總是很快就流傳開來。不論是誰最先登上山頂，都會被賦予騎士的光環，成為當地的年度風雲人物。

與故事書中的描述相反，山區的春天並不會一下就到來。即使是在羊群上山之後，風和日麗

23 常見於美國西南部地區，頂部平坦側面陡峭，由水平的地層所形成。

的天氣仍會與寒風凜冽的天氣交替著。灰褐色的高山草地上散布著哀叫的母羊和幾乎凍僵的小羊，冰雹和雪傾瀉而下，我很少見到過比這更為淒冷的景色。就連快活的星鴉都在春天的暴風雪中弓起了背。

夏天有多少種時日和天氣，夏季的白山就有多少種情緒。哪怕最遲鈍的騎士和他的馬，都會刻骨地感受到這些情緒。

在明麗的早晨，白山會邀請你下馬到它新長出的青草和野花上打幾個滾（如果不拉緊韁繩，你那沒受多少約束的馬肯定會這樣做）。每個生命都在歡唱、啁啾、發芽生長。高大的松樹和冷杉在漫長的日子裡飽受暴風雪的搖撼，此時正以參天的尊嚴吸收著陽光。面無表情，只用聲音和尾巴表露情感的纓耳松鼠，不停地對你講述著一件你已經十分清楚的事：從來沒有過這樣珍貴的日子，也從來沒有過這樣驕奢的幽寂。

一小時後，雷雨雲可能就會遮住太陽，正在逼近的閃電、雨水和冰雹讓不久之前的樂園開始顫抖。黑色的陰霾懸浮在空中，彷彿懸在導火線已經點燃的炸彈上。每一顆滾動的小圓石，每一根劈啪作響的小樹枝，都會讓馬驚跳起來。你在馬鞍上轉身去解開雨衣時，馬兒會驚慌地後退，呼哧呼哧地噴著鼻息打著哆嗦，彷彿你就要打開末世啟示錄的卷軸。每當我聽到有人說他不怕打雷，我心裡都會想，那是他從未在七月騎馬上過白山。

雷聲已經夠可怕了，更可怕的是閃電打入懸崖，冒煙的石頭碎片呼嘯著掠過耳邊，和閃電劈開一棵松樹後那些飛噴出來的木片。我記得一片約為十五英呎的白色木片，深深地戳入我腳邊的泥土，然後立在那兒嗡嗡作響，如同一把發亮的音叉。

免於恐懼的生活，必然是貧瘠的生活。

• • •

山頂是很大的草原，大約需要半天時間才能穿越，不過不要把它想成是環繞著松樹、像圓形劇場那樣整齊的草地。草原的邊緣捲曲著，呈渦形或鋸齒形，上面彷彿有無數互不相同的海灣、小灣、岬角、半島和公園。沒有人能知道所有這些地方，因此每天騎馬時你都有機會發現一個新大陸。我這樣說是因為，當你騎馬進入一個綴滿花朵的小灣時，你常常會感到，如果以前曾有人到過這個地方，那他肯定會情不自禁地為這裡唱出一首歌或寫出一首詩。

或許正是這種發現了非凡事物的感覺，才可以解釋為什麼在每處山中營地那堅韌的楊樹樹皮上，都刻著許多姓名的字母縮寫、日期，還有牛隻烙印。從這些銘文裡隨時都能讀到「德州人」[24]的歷史及其文化，不過並不是從人類學的冰冷分類，而是從某個刻寫者的生平來讀。你可以辨識這個姓名字母縮寫，這個人的兒子曾在馬匹交易中擊敗過你，或者你曾與他的女兒共舞。

24 德州人（*Homo Texanus*），英格蘭聖人，基督教殉教者。

這裡是他姓名起首字母的簡單縮寫，沒有烙印，註明的時間是九〇年代。那無疑是他第一次獨自來到這裡，當時他還是個居無定所的牛仔。接著，十年後，他刻下了姓名字母縮寫和烙印，那時他已成為一個有穩定收入的公民，憑著節儉、自然增值，或許還有獨特的馴馬技能得到了一個牧場。若干年之後，就出現了他女兒的姓名縮寫，刻寫者是某個愛慕她的年輕人，此人不僅在追求他的女兒，也在追求其家庭財富的繼承權。

老人現在已經去世了。在他的晚年，他的心臟只會因銀行存款以及他的牛羊數量而震顫，但是楊樹顯示出，他在年輕時也曾感受到山區春天的明媚與壯美。

山的歷史不僅寫在楊樹皮上，也寫在山中的地名上。產牛之地的地名或許不雅、詼諧、諷刺，或略帶傷感，但很少是陳詞濫調。這些地名往往令人難以捉摸，讓新來者總是想問個究竟。於是，故事之網就這樣編織出來，編織完整的故事就形成了當地的民間傳說。

比如說，有個稱為「屍骨場」的地方，這是一片可愛的草地，風鈴草的花穗彎成拱形，覆蓋著半埋在土裡的牛頭骨以及散落的脊椎骨。這些牛已經死去很長時間了。那是一八八〇年，一個愚蠢的牧牛人第一次從德州溫暖的山谷來到這裡，他輕信了山中夏日的魅惑，所以想讓牛群靠山上的乾草過冬。十一月的暴風雪襲來時，他騎著馬從山上倉皇逃離，但他的牛群沒能逃出來。

還有一個稱為「憂傷坎貝爾」的地方，位在藍河的上游源頭。早年曾有一位牧牛人帶著新娘來到這裡，新娘對單調的岩石和樹倍感厭倦，渴望能有架鋼琴。鋼琴被及時地運來了，是架坎貝爾鋼琴。這樣一架鋼琴，在整個地區只有一頭騾子能夠運送。操控騾子平穩運送如此重物的超人工作，整個地區只有一名趕牲口的人能夠完成。但是鋼琴並未為新娘帶來喜悅，她從這裡逃開了。人們對我講起這個故事時，牧場的小屋已經只剩下一堆倒塌的原木。

另外還有個稱為「菜豆沼澤」的地方，是一處沼澤草地，四周環繞著松樹。我在那裡時，松樹下有一棟原木小屋，任何過路者都可以在裡面宿營過夜。這類屋舍的擁有者要遵守一條不成文的規定，盡其可能在屋裡留下麵粉、豬油和豆子，為路過的人提供所需要的補給。不過，有個運氣不佳的旅人被暴風雪困在這裡一個星期，在屋裡只發現了豆子。這種違背待客之道的做法引起人們注意，並以這樣的地名流傳下去。

最後要提的就是「天堂牧場」，這個名字出現在地圖上時顯得如此平庸，但是當你騎著馬經過艱難跋涉終於來到這裡時，一定會發現這裡很不尋常。這座牧場隱藏在一座高山的另一邊，和所有被稱為天堂的地方一樣悠遠。這裡草地蔥綠，溪流潺潺。鱒魚在蜿蜒的溪水中游動，馬在草地上停留一個月就會變得十分肥壯，落下的雨水能在牠背上形成一個小水窪。第一次來到「天堂牧場」後，我暗自想，這樣的地方，你還能找到更適合的名字嗎？

• • •

我再也沒有回過白山，儘管曾有幾次這樣的機會。我寧願看不到那些觀光客、道路、鋸木廠和載運原木的鐵路，對白山或在白山上所做的一切。我也曾聽到年輕人驚嘆說那是多麼美妙的去處，在我第一次騎馬登上白山之巔時，這些人還未出生。我同意他們的說法，但心中也暗存保留。

像山一樣思考

一聲深沉的、傲慢的嗥叫在山崖之間迴響，傳向山下，逐漸消失在遙遠的暗夜。迸發出來的，是充滿野性與反抗的悲傷，以及對世間所有逆境的蔑視。

每個活著的生靈（或許也有許多死去的生靈）都注意到了那聲嗥叫。對鹿來說，聲音警示著牠們眾生之路的歸宿；對松樹來說，聲音預言了午夜的混戰和雪地上的血跡；對郊狼來說，聲音許諾了一頓肉食；對牧牛人來說，聲音是銀行債務的威脅；對獵人來說，聲音是獠牙向子彈發出的挑戰。然而，在這些明顯而且就要到來的希望和恐懼背後，隱藏著更深層的意義，明白這一意義的只有山。只有亙久存在的山，可以客觀地傾聽狼的嗥叫。

所有的生靈都知道那聲音的所在，儘管牠們未必都能聽出聲音所隱藏的意義。那個聲音在狼群出沒的所有地區都能感受到，它使得有狼的地方與其他地方顯得不同。所有在夜晚聽見狼嚎的人以及所有在白天查看狼跡的人，聽到那個聲音都會驚悸交加。即使沒有看見狼的蹤影，沒有聽見狼的叫聲，很多微小的事件也在暗示狼的存在，例如一匹馱馬在半夜的嘶鳴、石頭滾動碰撞的喀嚓聲、鹿在逃命時的狂奔跳躍，以及雲杉之下陰影的變幻。只有不堪造就的新手才無法察覺狼是不是就在附近，無法認識到群山對狼有祕而不宣的看法。

從我看到一隻狼死去的那天開始，我自己就對這一點確信無疑。當時，我們正在山崖高處吃午飯，一條湍急的河流在山下奔騰。我們看見一隻正在涉水渡過河流的鹿，牠的胸部淹沒在白色的水花中。當牠爬上岸甩著尾巴向我們這邊走來時，我們才知道看錯了，那是一匹狼。六隻顯然是正值成長期的小狼從柳樹林跳出來，一起搖著尾巴，互相嬉戲追咬，因為牠的到來而興高采烈。原來我們看到的是一群狼，牠們就在我們所處的懸崖下那片空曠的平地上打滾戲耍。

在那個年代，沒聽說過有誰會放棄殺死狼的機會。轉瞬之間，我們就已經把子彈射向狼群。由於我們非常興奮，反而瞄不準目標，搞不清怎麼從這麼陡的地方往山下瞄準射擊。我們打光了來福槍的子彈時，大狼倒了下來，一隻小狼拖著一條腿，爬進山崩造成的、人們無法通行的一堆岩石。

我們跑到大狼那裡時，正好看見牠眼中凶狠的綠色火焰漸漸熄滅。那時，我才發現那雙眼睛中閃爍著我過去從不知道的東西，那是只有狼和山才知道的東西，此後讓我再也無法忘卻。當時我正年輕，動不動就想扣扳機；當時我以為狼的減少意味著鹿的增加，沒有狼的地方就意味著獵人的天堂。在看了那朵綠色火焰消失之後，我才明白，這樣的觀點不論是狼還是山都不會同意。

● ● ●

從那以後，我看到了各州一個接一個地撲殺所有的狼，看見許多山在失去狼後不久就變了樣，看到朝南的山坡上布滿了新被鹿踩出來的紛亂小徑。我看到，每一株可食的灌木和幼苗都被啃掉了細枝嫩葉，之後變得萎頓並漸漸枯死。我看到，所有鹿能吃的樹在鹿角高度以下的葉子都被啃光了。這樣的一座山看起來，就好像是有人遞給了上帝一把新的大剪刀，請他除了剪樹以外什麼也不要做。最終結果是，眾人期待的群鹿因為數量過多而紛紛餓死，鹿的屍骨與死去的鼠尾草一起變白或在圓柏下腐爛，而這些圓柏只在鹿角以上的高度還殘留著葉子。

我現在認為，就像鹿生活在對狼的極度恐懼中一樣，山也活在對鹿的極度恐懼之中。而山或許更有恐懼的理由，因為一隻被狼群殺死的雄鹿，在兩三年後就會有另一隻取而代之；然而，一座被太多的鹿摧毀的山，再過許多個十年可能都無法復原。

牛群的影響也是一樣。把狼從牧場上清除的牧牛人，並未意識到自己就要接替狼的工作——把牛群的數量削減到適合牧場的規模。他還沒有學會像山一樣思考。於是我們迎來了沙塵暴，於是河流把我們的未來沖進了大海。

● ● ●

我們都在為安全、繁榮、舒適、長壽，以及單調的生活而奮鬥。鹿依靠柔韌靈活的腿，牧牛人依靠陷阱和毒藥，政治家依靠筆，而大多數人則依靠機器、選票和金錢。然而，這一切歸結只為了一件事：我們所處時代的和平。我們當然需要和平，客觀思考或許也必須以和平為先決條件。然而過度的安穩似乎終究只會引發危險。梭羅說：「野性蘊藏者世界的救贖。」他要表述的或許正是這個道理。狼的嗥叫所隱含的意義或許正寓於其中，而這一意義早已為山所知，卻幾乎無人知曉。

艾斯卡迪拉山的灰熊

亞利桑那生活的區域界限，就是腳下的格蘭馬草、頭頂的藍天，以及遠處地平線上的艾斯卡迪拉山。

你在金黃色的草原上策馬向山的北面行進，不論何時，不論何地，只要抬起頭，你都會看到那座山。

你騎馬向山的東面行進，那是一片樹木繁雜的台地。每一處凹地似乎都是一個獨立的小世界，沐浴著陽光，散發著圓柏的芳香，迴盪著藍頭松鴉那令人倍感舒適的嘰喳歡叫。但是當你沿著岩脊登上山時，你立刻成為無限廣袤空間中的一個小點，懸在空間邊緣的就是艾斯卡迪拉山。

位於大山南面的，是藍河那些交錯的峽谷，峽谷裡有很多白尾鹿、野火雞和野性更足的牛。一隻大膽的雄鹿躲過了你的獵槍，在地平線上向你道別。你低下頭去看獵槍的準星，想知道為什麼沒有打中牠時，你會看到遠處一座藍色的山，那就是艾斯卡迪拉山。

在山的西面，是阿帕契國家森林外圍起伏的樹浪。我們勘察了那裡的林木產量，以四十為單位，把高大的松樹變成筆記本上的數字，這些數字代表著想像中的木材數量。勘察者在氣喘吁吁地爬上峽谷時感到，在筆記本上那些遙遠的符號和眼前滿是汗水的手指、洋槐的刺、鹿虻的叮咬以及松鼠的抱怨聲之間，存在著如此怪異的不協調。但是到了下一個山脊，一陣冷風呼嘯著吹過松樹的綠色海洋，也吹走了他所有的疑慮。懸在遙遠綠海對岸的，就是艾斯卡迪拉山。

山不僅為我們的工作和娛樂劃下了界限，甚至也限制了我們獲得美味晚餐的努力。在冬天的傍晚，我們常在河邊低地設下埋伏，對綠頭鴨進行突襲。小心謹慎的鴨群會在西方的玫瑰色天空和北方的鐵青色天空下盤旋，然後消失在墨黑的艾斯卡迪拉山裡。如果牠們再度飛出來，我們的荷蘭烤鍋裡就會有一隻肥美的雄鴨。如果牠們再沒有出現，我們就只能繼續吃燻豬肉和豆子了。

事實上，只有一個地方無法讓你看到天空下的艾斯卡迪拉山，那就是在它的山頂。不過在那裡你仍能感覺到山的存在，原因就在於大熊。

這位大腳老兄是個強盜大王，艾斯卡迪拉山則是牠的城堡。每年春天，當和煦的春風融化了積雪時，這隻老灰熊就會爬出牠在岩石堆中的冬眠洞穴，下山猛擊一頭乳牛的頭部。在一頓飽餐之後，牠又會爬回峭壁，依靠土撥鼠、兔子、漿果和樹根，在那裡安安穩穩地度過夏天。

我有一次見過一頭牠殺死的牛，牛的頭骨和脖子一團稀爛，彷彿是迎頭撞上了疾馳中的一列貨運火車。

從來沒有人親眼見到過這隻老灰熊，但是在懸崖下泥濘的泉水周圍，可以看到牠那令人驚駭的巨大足跡。沉著老練的牛仔看到這些足跡，就能感覺到熊的存在。不論他們騎馬去什麼地方，那座山必然都在他們眼前，一看見那座山，他們就會想到熊。人們坐在營火邊交談時，總會談到牛肉、舞會和熊。大腳老兄所要求的只是一年吃掉一頭牛，以及占有方圓幾英哩沒用處的岩石，但是整個地區似乎都能感受到牠的氣息。

正是在那段時日，「進步」首次來到這個養牛的地區，而「進步」擁有各種使者。

使者之一是最早駕駛汽車橫跨北美大陸的人。牛仔們了解這位公路騎士，他像所有的馴馬者一樣，喜歡談笑風生、虛張聲勢。

牛仔們傾聽並注視著那位身穿黑色天鵝絨服裝，前來啟發他們的漂亮女士，儘管並不明白她所說的內容。她帶著波士頓口音向他們解釋婦女參加選舉的意義。

他們也對裝電話的工程隊驚訝不已。電話線掛在圓柏上，立刻就帶來了城裡的音訊。一個上了年紀的人問電話線能不能給他帶來燻豬肉。

一年春天，「進步」派來了另一位使者：政府雇用的一名捕獸員，身著工作服，由政府部門付費尋找並殺死巨獸的聖．喬治[25]。他詢問此地是否存在需要消滅的危險動物。他們回答是的，這裡有隻大熊。

捕獸員把行李捆在騾子上，向艾斯卡迪拉山進發。

過了一個月，他回來了，騾子馱著一張沉重的獸皮，被壓得搖搖晃晃。鎮裡能裝得下這張獸皮把牠晾乾的，只有一個穀倉。捕獸員嘗試過陷阱、毒藥等所有慣常的伎倆，但都不奏效，直到他在一條只有熊可以通行的狹路上，設置了一把子彈上膛的槍，然後在一邊等待。最後，大灰熊撞上了和扳機繫在一起的繩子，把自己打死了。

事情發生在六月。熊皮在發臭，又不是完好無損，沒什麼價值。對我們來說，連一張完好的熊皮都沒能讓這最後的灰熊留下，以紀念牠的種族，這似乎是一種侮辱。牠所留下來的，只有陳列在國家博物館裡的一個頭骨，以及由此引起科學家們對其拉丁文學名的爭論。

25 聖．喬治（St. George），不列顛傳說中殺死一頭惡龍的騎士。

只有在思索這些事情之後，我們才開始感到疑惑，究竟是誰制定了進步的準則。

• • •

自從創世以來，時間就一直磨蝕著艾斯卡迪拉山的玄武岩山體，而且不斷地消耗著、等待著、建造著。時間在這座古老的大山上建造了三件東西：莊嚴神聖的外表、低等動物和植物的群落，還有一隻灰熊。

殺死了灰熊的政府捕獸員知道，他已經使艾斯卡迪拉山成了牛群的安全之地。但他不知道，他已經推倒了一座宏偉建築物的尖頂，而那座建築物的修建自從晨星一起歌唱以來，就從未停止過。

派遣捕獸員的政府局長是了解演化建構過程的生物學家，但他不知道，那尖頂或許和牛一樣重要。他更沒有預見到，這個產牛地在二十年內就將變成旅遊區，因此對熊的需求將超過對牛排的需求。

投票贊同撥款消滅牧區裡的熊的國會議員們，是拓荒者的兒子。他們頌讚西部邊疆地區的拓荒者精神，同時卻又全力終結了邊疆地區。

我們這些默許把熊消滅的林務官員聽說過，當地一個牧場主人曾在犁地時發現了一把短劍，上面刻著一個科羅拉多軍隊指揮官的名字。我們曾嚴苛地指責西班牙人，他們在狂熱地追求黃金並使人改變信仰的過程中，毫無道理地消滅了印第安人。然而我們並未想到，我們也指揮了一場自以為正義的侵略行動。

艾斯卡迪拉山依舊高聳於地平線上，但你看到它時再也不會想起熊。現在，它不過是一座山而已。

墨西哥契瓦瓦和索諾拉

Chihuahua and Sonora

眾鳥的魂魄

在中世紀的黑暗時代，關於美的物理學仍然是自然科學的一個門類，就連研究彎曲空間的人都不曾解開它的方程式。比如說，人們都知道北方森林的秋日地景，就是土地加上一棵紅楓，再加上一隻披肩榛雞。從傳統物理學來看，這隻榛雞代表的只不過是一英畝土地的質量或能量的百萬分之一。然而，減去了榛雞，整個秋日地景就瓦解了，因為某種動能已經大量地損失掉了。

你可以簡單地說，所謂的損失都是人們想像出來的，但是，有哪個嚴肅的生態學家會同意這種看法呢？生態學家明白，有一種生態學上的死亡，其意義是當代科學所無法表達的。一位哲學家把這種無法衡量的屬性稱為物質的魂魄（Numenon），它和現象（Phenomenon）正好成一對比——現象是可計算、可預測的，即使那是最遠一顆星的搖動和轉動。

北方森林的魂魄是榛雞，山核桃樹叢的魂魄是冠藍鴉，沼澤地的魂魄是灰噪鴉，而長滿圓柏的山麓丘陵的魂魄則是藍頭松鴉。鳥類學書籍並沒有記錄這些事實。

我認為這些對科學來說還是全新的概念，儘管有洞察力的科學家會認為它們顯而易見。因此，我要在這裡記下所發現的馬德雷山脈的魂魄——厚嘴鸚哥。

這種鳥被歸為新發現種，其實只是因為很少有人到過牠們活動的地方。一旦到了那裡，只有耳聾眼盲之人才不知道牠們在山區生活和地景中的角色。實際上，你剛一吃完早餐，那些聒噪的鳥兒就離開了懸崖上的棲息地，飛到黎明的空中表演早操。牠們就像鶴群形成的方陣一樣盤旋翻飛，相互大聲辯論著你也感興趣的同一個問題：在峽谷上緩緩展開的這新的一天，會比以往的日子更藍更絢麗，還是正好相反？表決的結果是平局。於是牠們分別和同伴飛到高高的台地上吃早餐——外殼裂開的松子。此時，牠們都還沒有看見你。

但是稍過一會兒，當你開始爬出陡峭的峽谷時，一隻眼尖的鸚鵡可能在一英哩之外就會發現，有個奇怪的動物正氣喘吁吁地走在那條只有鹿、獅子、熊或火雞才獲准通行的小徑上。早餐被拋到了腦後。隨著喧嚷的叫喊聲，整群鸚鵡都噗啦啦地拍著翅膀向你飛來。看著牠們在你頭頂盤旋，你會急切地渴望手邊能有本鸚鵡字典。牠們是不是在問你究竟在這裡做什麼？或者牠們就像群鳥組成的商會，希望能確定你在與其他時期、其他地方進行比較後，是否最欣賞牠們光榮的家鄉、天氣、居民，以及輝煌的未來？答案可能是二者之一，也可能二者兼有。你心中會突然閃過悲哀的預感：道路修好之後，這個鬧嚷嚷的鸚鵡委員會首次接待持槍遊客時，這裡將會發生什麼？

牠們很快就摸清楚了，你是個笨拙、不擅辭令的傢伙，連吹口哨回應馬德雷山的標準禮儀也不會。畢竟樹林中沒被啄開過的松子比被啄開的多，所以還是回去吃完早餐吧！這一次牠們可能會落到懸崖下的某棵樹上，如果你躡手躡腳走到懸崖邊上向下看，就會第一次看到牠們多彩的衣裝：綠色的天鵝絨制服，深紅色和黃色的肩章，還有黑色的頭盔。牠們從一棵松樹飛到另一棵時鬧哄哄的，但總是排成編隊，而且成員數總是偶數。我只有一次看到過由五隻或其他奇數數目的鸚鵡組成的飛行編隊。

我不知道，築巢的鳥夫婦是否和在九月呱噪迎接我的鳥群一樣喧鬧。我確切知道的是，在九月，如果山上有鸚鵡，那麼你很快就會知道牠們的存在。作為稱職的鳥類學者，我應該儘量描述出牠們的叫聲。那聲音乍聽起來與藍頭松鴉的叫聲相似，但藍頭松鴉的音樂是柔和而懷舊的，猶如牠們故鄉峽谷上籠罩著的薄霧。而被當地人稱為「瓜卡馬亞」的厚嘴鸚哥，嗓音更加響亮，而且洋溢著高雅喜劇的風趣熱情。

我聽說，在春天時，一對鸚鵡會尋找啄木鳥在枯死的高大松樹上留下的樹洞，在那裡與外界暫時隔絕，履行延續種族的責任。可是什麼樣的啄木鳥能啄得出那麼大的洞呢？瓜卡馬亞的大小和鴿子差不多，幾乎不可能擠進一隻啄木鳥的房舍。難道牠是用自己有力的喙來完成必要的擴建工作？據說在這些地區出現過體型最大的帝啄木，或許牠們使用的是這種啄木鳥的洞？我把發現答案的愉快任務，留贈給以後拜訪這些鳥的鳥類學家。

綠色的潟湖

絕不去重訪一處荒野，這是一種智慧，因為百合花越是金光璀璨，你就越可以肯定是有人給它鍍了層金。故地重遊不僅會破壞旅行的興致，也會讓記憶失去光彩。那光燦的冒險旅程唯有留存在記憶中，才能永遠熠熠生輝。因此，自從一九二二年我和我兄弟划著獨木舟在科羅拉多河三角洲探險之後，我就再也沒去過那個地方。

我們所能說的是，自從西班牙探險家赫爾南多·德·阿拉孔一五四〇年在該三角洲登陸以後，這個地方就被人遺忘了。我們在河口宿營，據說赫爾南多的船曾在這裡停泊，但我們連著幾個星期都沒看見任何人、牛、斧頭的砍痕或一道籬笆。不過有一次，我們橫過了一條古老的馬車小徑，不知道它的開闢者是誰，但我們推測開闢的目的應該是危險邪惡的。也有一次我們發現了一個錫罐，並視之為有價值的器皿，爭搶著要保留下來。

三角洲的黎明是由黑腹翎鶉的呼喚聲開啟的，牠們棲息在我們帳篷上方的牧豆樹上。隨著太陽在馬德雷山上漸漸露出笑臉，陽光開始斜照著一百英哩的迷人荒野——四周環繞著鋸齒狀山峰的茫茫盆地。在地圖上看，河流把三角洲分成了兩部分，但事實上河流並不存在，又可以說無處不在。因為它自身無法決定，在那上百個綠色潟湖中，究竟哪個能讓它最為悠緩怡然地流向海灣。於是它要把每個湖都環遊一番，我們也就隨之一起旅行。河流分了又合，迂迴曲折，蜿蜒流過令人生畏的叢林，只差沒原地繞圈。河流與迷人的小樹林嬉戲，儘管迷了路仍很歡悅，而我們也是一樣。要為拖延耽擱下個結論，就和一條不願在大海中失去自由的河流一起旅行吧。

「他引領我到靜靜的水邊」對我們來說一直只是《聖經》中的一個短句，但是在我們划著獨木舟緩緩探索綠色潟湖之後，這句話就有了意義。如果大衛沒有寫下這句讚美詩，我們也會強烈地感到要寫下自己的詩篇。靜靜的水是深翡翠色的，我猜想是水藻造成的，不過不管怎樣都沒有使綠色變淺。牧豆樹和柳樹形成的碧綠屏障，分隔開了河道與荊棘沙漠。在每個轉彎的地方都能看到白鷺站在前面的水窪裡，每個白色的雕像都搭配著一個白色的倒影。各個鸕鷀艦隊開動黑色的船頭，搜尋掠過水面的鯔魚；反嘴鷸、半蹼白翅鷸和黃腳鷸，都用一隻腳站在沙洲上打瞌睡；綠頭鴨、葡萄胸鴨和水鴨受了驚嚇飛起來，飛上天後又在前方匯聚成群並停歇下來，或者向回飛到我們後面。一群白鷺棲落在遠處的綠色柳樹上時，好似一場過早到來的暴風雪。

這眾多的水禽和魚並非只供我們享受。我們經常會遇到一隻美國大山貓趴在一根半沉半浮的原木上，伸著腳爪準備抓鯔魚。浣熊家族涉過淺灘，大聲嚼著水生甲蟲。郊狼從陸地上的小土丘注視著我們，等著繼續享用尚未吃完的牧豆早餐，或是我猜想，偶爾出現的受傷的鳥、鴨子或鵪鶉肉。每個可涉過的淺灘上都有鹿的足跡。我們總要查看這些鹿踏出來的小徑，期待著能發現三角洲的專制君主——雄偉的美洲豹——活動的蹤跡。

我們根本沒見過牠的影子，但是牠的氣息影響著整個荒野；沒有一隻活著的野獸會忘記牠的存在，因為疏忽大意的代價就是死亡。沒有一隻鹿在繞過一叢灌木或停在牧豆樹下吃豆莢時不會先嗅一嗅有沒有美洲豹的氣味；沒有一個宿營者不會在營火熄滅之前談起美洲豹。沒有一隻狗會在夜裡蜷縮著熟睡，除非是躺在主人腳邊。無需他人警告，狗就知道眾貓之王仍然統治著黑夜，牠那巨大的腳爪可以打倒一頭牛，牠那鋒利的牙齒可以像鍘刀一樣咬斷骨頭。

如今，這個三角洲可能已經讓牛感到安全，讓愛冒險的獵人覺得單調無趣了。綠色湖區已經迎來免於恐懼的時刻，然而榮耀也已遠離。

吉卜林[26]在印度阿姆利則城中聞到準備晚餐的煙味時，應該就此詳加描述，因為再沒有其他詩人曾經歌頌過或聞到過綠色大地的木柴。今天，大多數的詩人想必都靠著無煙煤過活。

在三角洲，人們只燒牧豆樹，這是最為芳香馥郁的燃料。

這些古老樹木的不朽樹幹，在上百次的霜凍和雨水中變得鬆脆，同時又經歷過上千次的太陽烘烤。飽經風霜的粗糙樹幹躺在每一個營地裡等候使用，隨時準備在暮色中升起繚繞的藍色青煙，唱一曲茶壺之歌，烤一塊麵包，把一鍋鵪鶉肉燒成棕色，並且溫暖人和動物的小腿。把一鏟

26　吉卜林（Kipling, 1865-1936），生於印度的英國作家和詩人。阿姆利則（Amristar）是印度旁遮普的一個城市。

牧豆樹木炭放到荷蘭烤鍋下面後一定要注意，睡覺前不能坐在那個地方，以免燙得你尖叫著站起來，把棲息在你頭頂上方的鵪鶉嚇跑。牧豆樹的木炭有七條命，不會輕易熄滅。

在中西部的玉米帶，我們用白櫟樹炭做飯；在北方的森林裡，我們用松木燒黑了鍋；在亞利桑那州，我們用圓柏木把鹿排烤成棕色。但是，直到我們用三角洲的牧豆木烤熟一隻小雁時，才算見到了完美的燃料。

那隻雁應該被烤成最漂亮的棕色，因為雁群曾繞著我們轉了一個星期。每天早晨我們都看著歡叫著的雁群方隊從河灣飛向內陸，不久就填飽了肚子安靜地飛回來。牠們追尋的是哪個綠湖的哪種珍奇美味？我們一次又一次隨著雁群轉移營地，希望看到牠們落下來，從而發現牠們宴席的菜肴。一天早晨八點左右，我們看到盤旋飛行的雁群散開隊形，側滑而下，像楓葉一般紛紛落到地面。一群群大雁隨之而來。我們終於找到了牠們的宴會地點。

第二天早晨的同一時間，我們埋伏在一個樣子普通的泥沼旁開始等待。雁群在前一天留下的足跡布滿了泥沼的沙洲。這裡離營地很遠，因此，我們走到這裡時已經很餓了。我的兄弟想吃掉已經冰涼的烤鵪鶉，他正把鵪鶉往嘴裡送時，空中傳來了嘎嘎的叫聲，讓我們呆在原地一動也不動，烤鵪鶉懸在嘴邊。雁群悠閑地盤旋著，爭論著，猶豫著，最後飛了下來。槍聲響時，烤鵪鶉掉到了沙地上，而所有我們將吃到的大雁都躺在沙洲上蹬著腿。

更多的大雁飛來了，牠們落了下來。狗興奮地顫抖著。我們一邊悠閒地吃著烤鵪鶉，一邊透過遮蔽物觀察雁群，聽著牠們的閒聊。牠們正在吞砂礫，一群雁飽食離開後，又有一群雁飛來，急欲品嘗牠們的美味沙礫。在綠色潟湖的千百萬顆礫石中，唯有這個沙洲的小沙礫最合牠們的胃口。對雪雁來說，這個差別值得飛行四十英哩。對我們來說，這種長途跋涉也是值得的。

三角洲上大多數的小型獵物多得捕不完。在每個宿營地，我們經過幾分鐘的射擊，就能得到足夠第二天食用的鵪鶉了。講究的烹飪法，得讓鵪鶉在從牧豆樹上的棲鳥變成在牧豆木炭上的燒烤之前，至少掛在橫木上經過一個寒冷的夜晚。

所有的獵物都是出奇的豐腴。每隻鹿都儲存了如此多的脂肪，假若牠允許的話，我們完全可以把一小桶水倒入牠背脊上的凹陷處。當然，牠不允許我們這樣做。

豐饒的原因其實並不難找。每一棵牧豆樹都結著飽滿的豆莢。在乾了的平坦泥地上，一年生的草綴滿了穀粒般的種子，幾乎可以用杯去盛。還有一大叢一大叢類似決明的豆科植物，只要從其中走一圈後，口袋裡就會裝滿去了殼的豆子。

我記得有一塊數英哩的平坦泥地長著野南瓜。鹿和浣熊剖開結凍的瓜，露出裡面的種子。鴿子和鵪鶉拍動翅膀參加這場盛宴，就如同熟透了的香蕉上的果蠅。

我們不能——至少是不曾——去吃鵪鶉和鹿所吃的東西，但我們分享了牠們在這「流著牛奶與蜂蜜」的富庶荒野，明顯感受到的歡愉。牠們的喜慶心情成了我們的心情，我們都盡情享受這共有的富足和彼此的幸福。在已開發的地區，我從來沒有體會過類似這樣對土地的情感。

在三角洲宿營並非全然輕鬆愉快。我們在飲水方面遇到了問題。潟湖的水是鹹的，我們所找到的河水又太混濁，不能飲用。每到一個新的宿營地，我們都要新挖一口井，但大多數的井裡流出的只是來自海灣的鹹水。我們很艱難地學會了尋找能挖出清甜淡水的地方。我們不確定一口新井是否有淡水時，就拉住狗的後腿讓牠下井。如果牠喝下很多水，就意味著我們可以把獨木舟拉上岸，生起營火搭起帳篷。然後我們會坐下來，在寧靜中與這個世界和平共處。此時，鵪鶉在荷蘭烤鍋裡滋滋作響，太陽帶著餘輝落到聖佩德羅馬蒂爾山後。吃完晚餐洗好盤子後，我們一面回想著白天發生的事情，一面傾聽夜晚的種種聲音。

我們從不訂下第二天的計劃，因為我們已經明白，在野外，在早餐之前，總是會出現某些新奇且令人無法抗拒的分心之事。像河流一樣，我們只是隨意漫遊。

在三角洲很難按計劃旅行，每次爬上一棵白楊樹向遠方眺望時，我們都會想到這點。樹上的視野是如此寬廣，如果長久觀察肯定會感到頭暈目眩，向西北方眺望時更是這樣。在馬德雷山的山腳下，一道白色的條紋懸浮在永不消逝的海市蜃樓中，這就是那個大鹽漠。一八二九年，亞歷山大．帕蒂因為缺水、耗盡體力和蚊蟲叮咬而死在那裡。他原有一個越過三角洲前往加利福尼亞的計劃。

曾有一次，我們計劃從一個綠湖到另一個更綠的湖。我們看到了盤旋的水鳥，因此知道那邊有個湖。如果穿過一片很高的箭木闊苞菊灌木，那麼兩湖之間的距離將是三百碼。這片葉片如箭矛狀的灌木林茂密得不可思議，大水折彎了這些長矛，它們就像馬其頓的士兵方陣那樣擋住了我們的路。我們小心謹慎地撤退，並自我安慰說，我們原來所在的潟湖終究更加美麗。

陷入灌木方陣的迷宮是真正的危險，但是這種危險任何人都沒提到過，而我們被告誡要加以提防的危險，卻從來未發生。我們把小舟推到河流邊緣時，就有人提醒我們小心猝死的可怕命運。他們說，曾有更堅實的船被潮湧吞沒，潮湧是來自海灣的潮水沿著河流洶湧而上時形成的水牆。我們談論過潮湧，精心構想了各種避開的方法，甚至在夢裡見到了潮湧，見到了騎在浪尖上的海豚，以及在空中尖叫著的海鷗護衛隊。我們到達河口後把獨木舟掛靠在一棵樹上，在那裡等了兩天。但是我們感到很掃興——浪潮並沒有來。

三角洲沒有地名，我們必須為沿途所到的地方取名。有一個潟湖被我們稱為瑞力多，我們就是在這裡的天空看到了「珍珠」。當時我們正沐浴著十一月的陽光仰面躺在地上，懶洋洋地注視一隻在高空翱翔的紅頭美洲鷲。在牠後面遠遠的天空中，突然出現了一個時隱時現的白點構成的旋轉圓圈。一聲模糊的號角般的鳴叫很快就告訴我們，那是鶴，牠們正滿意地審視著自己的三角洲。那時我的鳥類知識都是自學的，我開心地把牠們歸為美洲鶴，因為牠們的羽毛是那樣潔白。但牠們其實是沙丘鶴，不過那沒有關係。關鍵是我們正與最自然的鳥類一起分享自然的荒野。我們和牠們在最遼遠的時空中找到了共同的家園，我們都回到了更新世。如果我們做得到，我們也想發出鳴叫回應牠們的問候。經過了這麼多的變遷，如今我依然能看見牠們在空中盤旋。

• • •

這一切都是很久以前的遙遠的事。據說現在的綠湖出產哈密瓜。果真如此，它們應該別具風味。

人們總是毀掉所愛的事物，我們這些拓荒者就是這樣毀掉了荒野。有人說我們別無選擇。不管怎樣，我很慶幸自己能夠在野地度過年輕的時光。如果地圖上沒有任何空白，就算我們擁有四十種自由又有何用？

加維蘭河之歌

河流之歌通常是指河水在岩石、樹根和險灘上彈奏出的曲調。

加維蘭河就有這樣的一首歌。悅耳的音樂描述著舞動的漣漪以及肥美的虹鱒，那些虹鱒就隱藏在梧桐、橡樹和松樹長滿苔蘚的樹根下。這音樂也有實用性。由於狹窄的峽谷迴盪著淙淙的水聲，下山喝水的鹿和火雞都聽不見人或馬的腳步聲。你在繞過下一個轉彎處時要格外留意，因為你或許可以開槍打到獵物，那樣就不必再辛辛苦苦地攀爬高高的方山台地了。

河流之歌是每雙耳朵都可以聽見的，但是這些山丘上還有其他並非每雙耳朵都能聽得到的音樂。哪怕只是要聽到其中幾個音符，你也必須在這裡長住一段時間，而且必須知道山與水的語言。然後，在一個寧靜的夜晚，當營火將熄，昴宿星團的七顆星已然爬過山崖時，你可以靜靜地坐下來傾聽是否有狼的嗥叫，同時用心回想並試著了解你所目睹過的一切。這時你就能聽到那音樂。那是一種茫茫蕩蕩律動著的和聲，它的樂譜刻在上千座山上，它的音符是動植物的生生死死，它持續的時間短則數秒，長則數個世紀。

每條有生命的河流都哼唱著屬於自己的歌，然而，人類的不當行為帶來的不諧和音，早已破壞了大多數的河流之歌。過度放牧首先傷害了植物，然後破壞了土壤。之後，來福槍、陷阱和毒藥，滅絕了較大的鳥類和哺乳動物。而後，公園或森林裡出現了道路和遊人。修建公園是為了讓大眾聽到音樂，但是等到人們準備聽音樂時，那裡除了噪音已經不剩什麼。

從前也曾有人住在河流兩旁，而不破壞河流生命的和諧。肯定曾有數千人住在加維蘭河河畔，因為到處都有他們創造的東西。從任何一個峽谷往外走，你都會發現自己正在攀爬小小的岩石梯台或攔水的水壩，每一層的頂部都連著上一層的底部。每個水壩後面都有一小片土地，從前曾是一塊農田或一個菜園，灌溉則依靠落在旁邊陡坡上的雨水。你會在山脊頂部發現一座瞭望塔的石基，山坡上的農夫或許就是站在這裡守護他那零零星星的土地。家裡用的水肯定是他從河裡提來的。至於家畜，他顯然沒有養。他種了些什麼莊稼？是在多久之前？植根於他的小片田地中的三百多歲的松樹、橡樹或圓柏，是唯一能找到的不完整的答案。顯然，早在那些年齡最老的樹開始在此生長之前，就已經有了這片田地。

鹿喜歡躺在這些小片梯田上，因為這裡提供了一張平坦沒有石頭的床，上面鋪著橡樹葉，掛著灌木形成的簾帳。只要越過水壩，鹿就在入侵者的視線之外了。

一天，藉著呼嘯風聲的掩護，我悄悄往下爬到了一隻在水壩上睡覺的鹿的上方。牠躺在一棵大橡樹的樹蔭下，橡樹的根盤繞著這古老的石頭結構。鹿的角和耳朵映襯著另一面金黃色的垂穗草，顯出清晰的輪廓，垂穗草中生長著一株如綠色玫瑰花般的龍舌蘭。整個景色中心鮮明，畫面和諧。我的箭射偏了，落在那位老印第安人放置的岩石上，碎裂開來。那隻雄鹿蹦跳著下山，搖著雪白的尾巴向我道別，此時我意識到牠和我都屬於同一個寓言裡的角色。塵土歸於塵土，石器時代歸於石器時代，然而永恒的追逐從不停止！箭沒射中是很合理的，因為如果一棵大橡樹生長在我現在的園子裡，我也希望會有一隻鹿躺在落葉上安睡，潛步靠近的獵人想射鹿卻沒射中，在那裡暗忖究竟是誰修築了這座園子的牆。

遲早有一天，從雙筒獵槍射出的子彈將嵌入我的雄鹿光滑的肋骨。一隻蠢笨的小公牛將占用鹿在橡樹下的臥床，並貪饞地咀嚼金黃色的垂穗草，直到那裡只能長些雜草。而後大水會沖開古老的水壩，把石塊堆積到下面河畔的觀光道路上。卡車將在古老的小路上揚起灰塵，而就在昨天，我還在路上看到了狼的足跡。

目光短淺的人認為，加維蘭河地區是多石頭的貧瘠之地，遍布艱險的陡坡和峭壁。這裡的樹長了太多的樹瘤，不適合做鋸材原木。這裡的山地過於陡峭，不能作為牧場。但是從前的梯台建築者並未被表象蒙蔽，經驗告訴他們，這是塊流著牛奶與蜜糖的福地。這些長得歪歪扭扭的橡樹和圓柏，每年都會結滿供野生動物食用的纍纍果實。鹿、火雞和獾豬就像玉米田裡的小公牛一樣，把這些果實轉化成肥美的肉。這些金黃色的草在搖曳的羽狀葉片下，隱藏著球莖和塊莖作物的地下菜園，這些作物包括野馬鈴薯。切開一隻肥胖彩鶉的嗉囊，就可以看到一座可食用的地下植物標本室，這些標本都是從你以為貧瘠的石頭地裡挖來的。這些食物是植物向被稱為「動物群」的巨大器官注入的動力。

每個地區都擁有某種能代表其豐饒程度的人類食物。加維蘭河流域的群山也有可以代表自己地區的獨特美食法：殺掉一頭以樹的果實為食的公鹿，時間既不能早於十一月，也不能晚於一月。把鹿掛在一棵維吉尼亞櫟上，經過七次霜凍和七次太陽烘曬後，從背脊下的脂肪層切下半凍結的肉條，再把肉條橫切成肉排，然後在肉排上抹好鹽、胡椒和麵粉，等到櫟木炭火上的荷蘭烤鍋裡的熊油熱得冒煙時，把肉排扔進油中。在肉片開始呈現棕色時立刻把它取出來，然後在油裡撒一些麵粉，加入一些冰水，再加些牛奶。最後，把肉排放在熱氣騰騰的發酵麵包上，把濃稠肉汁澆到上面。

這樣的組合很有象徵性。鹿躺在山上，而金色的肉汁就是在牠的生命中由始至終照耀著的陽光。

食物在加維蘭河之歌裡是個連續統一體。當然，我指的不僅是你的食物，還有橡樹的食物；而橡樹為雄鹿提供食物，雄鹿為美洲獅提供食物。美洲獅死在一棵橡樹下，回到橡實裡供從前被牠捕食的對象食用。許多食物都是這樣從橡樹開始又復歸橡樹的循環，因為橡樹也是松鴉的食物，松鴉是為河流命名的蒼鷹的食物。橡樹還是其他動物的食物，包括給你提供油脂烹製肉汁的熊，給你上了一堂植物課的鵪鶉，每天都要躲開你的火雞。這一切的共同目的，就是幫助加維蘭河源頭的細流，從馬德雷山的龐大身軀上多削下一些土壤，從而培養出另一棵橡樹。

植物、動物和土壤就像是一個大管弦樂團所使用的樂器，有些人的責任就是檢查這三者的結構，這樣的人被稱為教授。每個教授都選擇一種樂器，用一生的時間對其進行拆解，並描述它的琴弦和共鳴板。拆解的過程通稱為研究，進行拆解的場所就叫做大學。

一名教授可能會彈撥自己的樂器，卻從不會去動其他樂器。假如他聽了其他樂器的音樂，也絕不會向同事或學生承認。這是因為，所有的教授都受制於僵化的戒律：研究樂器結構屬於科學的領域，而對和聲的探察則屬於詩人的領域。

教授服務於科學，而科學服務於進步。科學服務進步的程度如此之深，以至於在把進步急速擴展到所有落後地區的過程中，踐踏並損毀了許多比較複雜的樂器。一首首的歌曲就這樣失去了一個又一個組成部分。如果在每一種樂器粉碎之前，教授都能來得及把這種樂器歸類，他也就心滿意足了。

科學為這個世界帶來了物質與道德上的福祉。科學在道德上的偉大貢獻就是客觀性，或稱科學觀點。這意味著懷疑事實之外的所有事物，砍掉事實之外的所有東西，並任由那些碎片散落。經過了科學的劈砍之後，所得到的事實之一就是：每條河流都需要更多的人，所有的人都需要更多的發明，因此也就需要更多的科學，而美好的生活就取決於這一邏輯鏈的無限擴展。然而科學尚未接受這種質疑：河流上的美好生活，同樣取決於對河流之歌的欣賞，以及將之保存供人欣賞。

科學尚未抵達加維蘭河，因此，水獺在牠的池塘和淺灘中玩追逐遊戲，把肥胖的虹鱒從布滿青苔的岸邊趕出來。牠從未想過，有一天大水將把河岸沖進太平洋；牠也不會想到，有一天釣魚的人將和牠爭奪鱒魚的所有權。像科學家一樣，牠絲毫不懷疑自己所設計的生活。牠認為加維蘭河的流水之歌將永恒傳唱。

奧勒岡州和猶他州

Oregon and Utah

偷渡者

竊賊之間有行規，動植物的害蟲之間同樣有團結與合作。當某種害蟲受到了天然屏障的攔阻時，另一種害蟲就會來採取新的方法突破阻礙。最後，每個地區和每種資源都得到了一定數量的不請自來的生態客人。

於是，隨著馬的減少而變得無害的英國麻雀，被隨著拖拉機普及而多起來的椋鳥取而代之。栗樹枯萎病未能向西蔓延到栗樹世界之外，但是荷蘭榆樹病隨後開始傳播，並且一有機會就向西越過榆樹世界。白松皰銹病在無樹的平原受到阻撓後原本無法西進，卻找到了一條經由後門的新的登陸途徑，現在它正輕鬆地翻越洛磯山脈，從愛達荷州前往加利福尼亞。

生態偷渡客是隨著最早的移民一同來到美國的。瑞典植物學家彼得・卡爾姆發現，大多數歐洲雜草早在一七五〇年就在新澤西和紐約紮根了。它們蔓延的速度幾乎和殖民者耕地播種的速度一樣快。

在這之後，來自西方的植物偷渡客發現，牧場裡的牲畜已經踐踏出數千平方英哩的苗床供其發芽。在這種情況下，它們的蔓延速度是如此之快，幾乎讓人無法一一跟蹤記錄。當人們在美好的春天早晨醒來，很可能會發現牧場已被一種新的雜草占領。一個顯著的例子就是侵入山間和西北山丘的旱雀麥，又稱行竊草。

你或許會對大熔爐的這一新份子產生過於樂觀的印象，但我要提醒你，旱雀麥並不會帶給你一片生機勃勃的草地。旱雀麥和看麥娘、馬唐一樣，都是一年生的雜草，會在每年秋天死去，並在秋天或來年春天播下草籽。它在歐洲時，生長在茅草屋頂的爛草中間，屋頂的拉丁文是tectum，因此旱雀麥的拉丁學名*Bromus Tectorum*就是指「屋頂的旱雀麥草」。一種能在屋頂上生存的植物，當然也能在美國新大陸肥沃而乾燥的土地上肆無忌憚地生長。

位於西北山區側面的山丘，如今呈現出一片金黃色，這並非來自從前所生長的那些富含養分的叢生禾草或麥草，而是來自取代了本地草類的劣質旱雀麥。汽車司機仍會眺望遠處的山峰，讚嘆著群山流暢的輪廓，卻不會注意到草的品種已經被換掉了。他們不可能想到，山也會使用生態的化妝粉，美化遭到損毀的容顏。

發生這種替換的原因是過度放牧。當過多的牛群和羊群在山麓丘陵上踐踏並吃光那裡的草皮時，總要有某種東西來遮蓋遭到蹂躪的光禿禿地表，在此地扮演這一角色的就是旱雀麥。

旱雀麥生長得很稠密，每一株的莖上都長著一團刺芒，因此，在它成熟後沒有哪種牲畜能以之為食。一頭想吃成熟旱雀麥的牛會處於什麼樣的境地呢？若想親自體會一下，你可以穿上低筒鞋試著在雀麥叢裡走一走。在旱雀麥生長的地區，所有在田間工作的人都必須穿著長統靴，只有腳踩汽車踏板或混凝土人行道時，才有可能穿上尼龍襪。

旱雀麥那多刺的芒為秋日山丘披上了棉絮一般易燃的黃地毯。旱雀麥生長的地方無法徹底避免火災。結果，殘存的那些適宜動物啃食的植物，例如艾草和羚梅，只要長在低處就會被火燒光。它們只有長在高處才不會遇到山火，但是生長在高處的冬季飼草很難被動物利用。在冬天，鹿和鳥需要靠低處的松林提供棲息地，但是如今，松林同樣被火燒得退到高處了。

在夏天的旅遊者看來，燒掉山麓的一些灌木叢似乎算不上什麼損失。但他們不明白，在冬天，下雪之後家畜和野生動物都無法到較高的山上去。家畜可以在山谷的牧場餵養，然而鹿和赤鹿必須在山麓丘陵找到食物，否則就會餓死。可供動物在冬日棲息的地區很少，而且越往北邊，冬天和夏天棲居區域的大小差異就更大。散落在山麓上的那些羚梅、蒿和橡樹，是整個地區的野生動物存活下去的關鍵，然而它們的生長範圍正在旱雀麥引發的火災下迅速縮減。另外，這些零散的灌木在客觀上保護著藏匿其下的當地多年生草種。灌木被燒掉後，這些殘存的草就會葬身在牲畜腹中。獵人和畜牧業者爭吵著該由誰先離開，從而減輕冬季牧場的負擔，此時旱雀麥卻正在擴張地盤，留下越來越少的冬季牧場供人爭奪。

旱雀麥還帶來了許多看似輕微的煩惱，雖然與鹿被餓死或牛吃了旱雀麥後嘴疼相比，這些煩惱大多數並不那麼嚴重，但是仍值得一提。旱雀麥侵入古老的苜蓿地後降低了牧草的品質。新孵出的小鴨子需要從高處的窩前往低處的水池，但是旱雀麥在小鴨子那生死攸關的旅程上設下了障礙。旱雀麥也侵入了林木區較低的邊緣，阻礙了松樹苗的成長，並且用森林快火威脅著老樹的繁衍。

我自己也體驗過這種煩惱。在我抵達北加利福尼亞邊界的一個「進關港」時，一個檢疫官要檢查我的汽車和行李。他有禮貌地解釋說，加利福尼亞歡迎旅遊者，但是旅遊者的行李不能夾帶有害動植物。我問他是哪些動植物，他背出一長串菜園和果園病害的名單。他的名單裡沒有黃色地毯般的旱雀麥，然而這條地毯已在他腳下鋪開，並一直蔓延到四面八方的遠山。

與面對外來的鯉魚、椋鳥和漏蘆草的情況相仿，受害於旱雀麥的地區試圖變害為利，終於找到了這個入侵者的用途。新發芽的旱雀麥未變老前是不錯的飼料，你餐桌上的羊排很可能就是春天柔嫩的旱雀麥所養育的。旱雀麥源自過度放牧，但是也減少了過度放牧可能造成的土壤流失（這種生態學上的循環值得我們認真思考）。

我留心傾聽，想知道西部地區是已把旱雀麥視為不可避免的禍害接受下來，並要與之一起生存直至末日，還是已將旱雀麥視為挑戰，從而糾正以往對土地的不當使用。我發現令人失望的態度幾乎遍布各地。到目前為止，人們既未對管理和保護野生動植物感到自豪，也未對生病的土地感到羞愧。我們只在會議室或編輯室裡空談保護自然資源，像堂吉訶德一樣與假想的敵人搏鬥，然而在邊遠地區，多少年來我們甚至連一支長矛都放棄擁有。

Manitoba

加拿大曼尼托巴

被遺忘的沼澤

教育恐怕就是透過對某種事物的視而不見，來學會觀察另一種事物。

對於沼澤的性質，大多數人都會視而不見。我想到這個問題是因為：有一次我特意帶客人到克蘭德博伊沼澤，卻發現這個沼澤在他眼中只不過是比其他沼澤更顯荒蕪，淤泥更多更難航行而已。

這很奇怪，因為任何一隻鵜鶘、遊隼、塍鷸或西鷿鷈，都知道克蘭德博伊是卓爾不群的沼澤。牠們捨棄了其他沼澤而選擇這裡，難道還會有別的原因嗎？牠們對我闖入其領地感到惱怒，不僅視之為非法侵入，而且視之為對世界秩序的破壞，難道還會有別的原因嗎？

我認為奧祕就在於，克蘭德博伊在空間和時間上都與其他沼澤大不相同。只有不加批判地接受流傳下來的歷史的人，才會以為一九四一年是在同一時刻降臨所有沼澤的。鳥比那些人更明白事理。一隊向南飛的鵜鶘，在克蘭德博伊上空只要感到大草原的些許微風，立刻就會知道這裡有一個地質史上的降落點，在此可以避開那最殘忍的入侵者——未來。鵜鶘們發出奇特的、古老的哼鳴聲，朝著歡迎牠們的、屬於昔日時代的荒野，展開翅膀威嚴地盤旋降落。

那裡已經有了其他避難者，牠們個個都以自己的方式接受時間洪流中的短暫喘息。加拿大燕鷗像一群興奮的孩子一樣，在泥灘上方尖叫，彷彿消退中的冰原已經流動著最早融化的冰雪，牠們想捕食的鱸魚正在冰冷的水中直打冷顫。一隊沙丘鶴以尖叫聲來對抗牠們懷疑或畏懼的所有對象。一支天鵝艦隊安靜優雅地航行在水灣上，感嘆著像牠們一樣卓著的事物總是轉瞬即逝。在沼澤匯入大湖的地方有一棵飽經暴風雨摧殘的白楊樹，一隻遊隼從樹頂撲向一隻路過的鳥。牠已經飽餐了一頓鴨肉，但還是樂於嚇唬一下那隻尖叫的水鳥。早在阿加西斯湖覆蓋這片草原的時期，這就已經是遊隼的餐後運動了。

要為這些野生動物的態度分類並不難，因為每隻鳥的內心感受都是直接流露在外的。只有一個避難者是例外，我無法讀懂牠的心思，因為牠拒絕和人類入侵者接觸往來。其他鳥兒輕易就會信任穿著工作服的傲慢自負的人類，但西䴘鷉卻絕對不會這樣。我盡量小心地靠近沼澤邊的蘆葦，看到的卻只是牠無聲地潛入水灣時的銀光一閃。之後，牠躲到遠處岸邊的蘆葦簾幕後面，以清脆的叫聲向牠的所有同類預警，但警示的是什麼呢？

我一直沒有猜出答案，因為這種鳥和人類之間存在著某種障礙。我的一位客人在他的鳥類名單中查找了一下西鷸鷉，草草記下牠那「克里克—克里克」的叫聲，或是一些無意義的東西，然後就不再理會這隻鳥了。他並未感覺到，那不僅是鳥兒隨意的鳴叫，還包含著隱祕的信息。這種聲音不該只是用文字模擬記下來，而是應該得到闡釋和理解。但在這方面，不論過去還是現在，我都和我的客人一樣無能為力。

春意漸濃，清脆的叫聲變得持久。在黎明，在黃昏，在每片解凍的水域，都能聽到牠們銀鈴般的聲音。我猜想，幼小的西鷸鷉現在已經開始了水上生涯，正在向父母學習西鷸鷉的哲學。但是要想看到牠們的教學場景，並不是件容易的事。

有一天，我臉朝下趴在麝田鼠窩的污泥中。在我的衣服吸納了污泥顏色的同時，我的眼睛也接收著沼澤的學問。一隻雌美洲潛鴨帶著一群小潛鴨巡游而過，小鴨子毛茸茸的，長著粉紅色的嘴和泛綠的金色絨毛。一隻維吉尼亞秧雞幾乎碰到了我的鼻子。一隻鵜鶘的影子掠過池塘，一隻黃腳鷸啼囀著落到池塘上。我不由想到，我需要冥思苦想才能寫出一首詩，而黃腳鷸只要抬抬腳，就是一首更優美的詩。

一隻貂在我身後滑行上岸，鼻子在空氣中嗅聞著。長嘴沼澤鷦鷯一次又一次地進入一叢莞草，那兒傳出雛鳥嘰嘰喳喳的聲音。我在陽光下幾乎要打起瞌睡時，開闊的水塘裡首先出現了一隻鳥的頭，上面閃爍著野性十足的紅色眼睛。在牠發現一切都很平靜後，那個銀色的軀體就出現了，牠和鵝一樣大，流線型的輪廓像一枚修長的魚雷。接著第二隻西鸊鷉也進入了視線，而我還沒反應過來牠是在何時從何處出現的。兩隻珍珠似的銀色幼鳥騎在牠寬寬的背上，並被巧妙地圈在隆起的雙翅之內。我屏住氣，但還沒等我恢復正常呼吸，這三隻鳥就已經拐過水流的轉彎處了。此時，我聽到蘆葦簾幕後面，清晰地傳出鳥兒充滿譏嘲的叫聲。

科學和藝術最珍貴的禮物應該是歷史感，不過我猜想西鸊鷉對歷史知道得比我們更多，儘管牠既不懂科學也不懂藝術。牠那遲鈍、原始的頭腦絲毫不知道是誰贏得了黑斯廷斯戰爭[27]，但牠似乎能感覺出是誰贏得了時間之戰。假如人類和西鸊鷉的種族同樣古老，我們或能更好地了解牠們叫聲的含義。想想看，短短幾個具有自我意識的世代已經賦予了我們多少傳統、自豪、輕蔑和智慧！而鸊鷉早在人類出現之前，就已存在了數不清的年代，時間的延綿不絕又會帶給這種鳥多少自豪感呢？

鸊鷉的叫聲或許有某種奇特的權威，可以統領並協調沼澤的合唱。或許鸊鷉具有某種來自遠古的權威，手握著指揮整個生物界的權杖。當水位逐年下降，拍擊湖岸的湧浪為一個又一個沼澤築起一個個暗灘或沙洲時，是誰在為浪花打著拍子？是誰讓西谷椰子和莞草吸收陽光和空氣，以

27 黑斯廷斯戰爭（Battle of Hastings），一〇六六年十月十四日，哈羅德國王（Harold II）的盎格魯－撒克遜軍隊和諾曼底公爵威廉一世（William of Normandy）的軍隊在英國的黑斯廷斯地域進行的一場交戰。

免麝田鼠在冬天餓死，以免沼澤在缺乏生機的叢林中被藤蔓吞噬？是誰在白天說服鴨子耐心地孵蛋，在夜晚激起好劫掠的貂的殺戮欲望？是誰在要求鷺鳥以長嘴叉魚時的準確度？是誰在敦促隼加快速度？當這些生物執行各自的任務時，我們並沒有聽到發出命令的聲音，因此，我們認為牠們的動作都是自發完成的，牠們的技巧是天生的，牠們的勤勞是無意識的，而且野外的生物都不知疲憊。不知疲憊的或許只有鷸鱸，或許是鷸鱸在提醒牠們，任何一種生物若想生存下去，都必須不停地覓食、戰鬥、繁衍和死亡。

在伊利諾州與阿薩巴斯卡流域之間的大草原上，曾延伸著成片的沼澤，而如今這裡的沼澤正向北退縮。人類無法只靠沼澤生存，因此，人類的生活不需要沼澤。「進步」不能容許農田和沼澤、馴順和野性在寬容與和諧中共存。

所以我們出動挖土機和噴火器，利用堤壩和排水管，抽乾了玉米地帶，再把小麥地帶也抽乾。藍色的湖變成綠色的泥沼，綠色的泥沼變成厚厚的泥，厚厚的泥變成片片麥田。

有一天我的沼澤會被修上堤壩、抽乾水，然後躺在小麥下面被人遺忘，就如同昨天和今天都將在流逝的歲月裡被人遺忘。在最後一條泥蔭魚在最後一個池塘裡做出最後一個擺動之前，燕鷗將尖鳴著對克蘭德博伊說再見，天鵝將帶著聖潔的高貴神情盤旋著飛向高空，而鶴群也將奏響牠們告別的號角。

第三部　鄉野沉思

Country 鄉野

土地和鄉野經常被人混淆。土地為玉米、溝壑和抵押貸款提供了棲身之所，而鄉野是土地的個性特徵，是土壤、生命與天氣的和諧共存。鄉野絲毫不知道抵押貸款或各類機構，也不知道煙草路[28]。對於自稱擁有鄉野的人的迫切需要，鄉野只是保持淡漠。我這座農場的前任主人是個私酒釀造者，但農場的榛雞對此一點都不會在意，牠們高傲地飛過樹叢，彷彿國王的貴賓一般。

貧瘠的土地蘊寓著富足的鄉野，反之亦然。只有經濟學家才會誤以為物質的豐盛就等於富饒。富饒的鄉野在物質上可能會存在明顯的匱乏。鄉野的特質往往無法一眼看出，而且也不可能總是顯而易見。

比如說，我知道一處清爽的湖岸，岸邊是松樹和水流沖出的沙灘。整個白天，你都只會把那裡當做浪花拍岸的一處地方，當做划船前行時無法窮盡的黑色緞帶，或是藉以記錄里程的乏味去處。但在黃昏將至時，輕拂的風可能會推動著一隻鷗鳥繞過一個岬角，岬角後面突然飛出一群亂

28《煙草路》（*Tobacco Road*, 1932）是美國作家考德威爾（Caldwell）用幽默筆調表現當時美國南方貧困生活的小說。這裡借指美國的貧困鄉村。

哄哄的潛鳥，顯示出那裡有個隱祕的小灣。你心中驟然湧起想上岸的衝動，想踩在熊莓鋪就的地毯上，想從鳳仙花叢中摘一朵花，想偷採岸邊的李子或藍莓，或者到沙丘後面平靜的矮樹叢裡偷獵一隻榛雞。這既然是個小灣，會不會有鱒魚所棲身的溪流呢？於是，船槳連連猛擊著船舷上緣那些嘩嘩作響的小漩渦，船頭向湖岸急衝，而後就是進入蔥蘢的樹林深處尋找宿營地。

之後，晚餐的炊煙懶散地飄在水灣上，火苗在低垂的枝條下面跳躍。這是一片貧瘠的土地，然而卻是富饒的鄉野。

有些樹林常年蔥翠，卻明顯缺乏魅力。從道路上遠觀，樹幹平滑的高大橡樹和美國鵝掌楸似乎賞心悅目，然而一走進樹林，你可能就會發現那裡只有低等的植物和混濁的水流，而且野生動物貧乏。我解釋不出為什麼一條紅褐色的細流不是溪流，也無法有邏輯地推演證明，如果沒有成群鳴叫的鶺鴒，樹林只是荊棘遍布的地方。然而，每個常在野外活動的人都知道這些事實。認為野生動物僅僅供人捕獵或觀賞，這是極端錯誤的觀點，而且這種觀點往往體現了人們如何區分富足的鄉野與普通的土地。

有些樹林外表看似平凡，一旦進入其中就大不相同。沒有什麼比玉米帶的林地更顯平淡了，然而，在八月，林地中一株被壓碎的穗花薄荷，或熟透了的鬼臼果實會告訴你，這就是該來的地方。十月的陽光照耀著山核桃樹，可以有力地證明這裡是豐饒的鄉野。你能感受到的不僅是山核桃樹，而且是核桃樹背後的一連串事物——或許是黃昏時的橡樹木炭、一隻棕色的小松鼠，還有遠處一隻自娛自樂的橫斑林鴞。

不同的人對鄉野的審美情趣各有差異，正如人們對歌劇或油畫各有不同的品味一樣。有些人願意成群地被趕著去參觀「風景區」，認為山上只要有瀑布、峭壁或湖泊，就是華美瑰麗的。這些人認為堪薩斯平原是如此單調乏味，他們只看到無邊的玉米田，卻看不到牛群喘著粗氣、發出哼哼聲，穿過大草原。對他們來說，歷史只有存在於校園裡。他們遠眺低懸的地平線，卻不能像探險家德．瓦加那樣，在草地上從野牛肚皮下面眺望地平線。

和人一樣，鄉野常常在質樸的外表下隱藏著神祕的寶藏，要找到這些珍寶需要長期在鄉野生活，並與鄉野為伴。生長著圓柏的山麓丘陵再乏味不過了，但是當那經歷了千載夏日、滿載靚藍色漿果的山丘中，突然躥出一群嘰嘰喳喳松鴉的藍色身影時，一切立刻變得充滿生機。成片的玉米田是單調無趣的，但當大雁在三月的天空中向玉米田打起招呼時，那沉悶的氛圍隨即就消散於無形了。

閒暇時間
A Man's Leisure Time

下面這句訓言是阿里奧斯托[29]的至理名言，雖然我不知道這句話出現在他作品的哪一章哪一節。他說的是，「無知的人在空閒時是多麼痛苦啊！」

能被我當成真理進行宣揚的話語並不多，這句話是其中之一。我樂於挺身宣布我相信這句話是真實準確的，無論在未來、在過去，甚至在吃早餐前都是如此。不會享受閒暇的人是無知的，哪怕他擁有世間的全部學位；會享受閒暇的人在某種程度上是有知識、有教養的，哪怕他從未進過學校的門。

擁有若干種嗜好的人，對沒有任何嗜好的人談論嗜好，我想不出比這更容易犯的錯誤了。因為這必然意味著是在為別人指定嗜好，結果恰恰與擁有嗜好的益處背道而馳。是嗜好在跟隨你，而不是你勉強選擇嗜好。指定一種嗜好就和指定一個妻子同樣危險，能夠獲得愉快結局的可能性也同樣不大。

29　阿里奧斯托（Lodvico Ariosto, 1474-1533），義大利詩人，代表作品為長篇傳奇敘事詩《瘋狂的奧蘭多》。

所以我們要明白，談論嗜好只是已經沉迷其中的人在彼此交流心得體會，已經形成的嗜好使我們無論如何都要去做他人難以理解的事情。別人如果願意，當然也可以傾聽，若有可能，他們也能從我們的行為中得到啟迪。

但是究竟何為嗜好？它與一般追求的尋常事物之間的分界何在？我一直無法對這個問題提出令自己滿意的答案。從表面上看，我很想總結說，讓人滿足的嗜好必須在很大程度上是沒用處、沒效率、費時費力或不合潮流的。當然，現今許多最能讓我們心滿意足的嗜好都涉及手工製作，但是通常用機器製造這些東西可以更迅速、更經濟，有時還會更優質。不過我必須公允地承認，在之前的年代裡，製作機器本身可能就是一項奇妙的嗜好。我想，伽利略將聖彼得不慎忘記歸檔分類的某一自然法則[30]，具體表現在新的弩炮上，從而引起教會世界震怒時，必定體會到了真正的個人滿足感。然而在今天，不論工業界如何注重新機器的發明，把機器作為嗜好都已變得平庸。或許我們問題的真正核心就在於：嗜好是對所處時代的叛逆。嗜好是在社會進化的短暫渦流中，堅持那些與之逆向或為之忽視的永恒價值。倘若真是如此，那我們也可以說，每個擁有嗜好的人的本性都是激進的，而與其同類的人從根本上看都是少數派。

不過，這樣說比較嚴肅，而變得嚴肅對有嗜好的人來說是個嚴重錯誤。有一條公理就是：任

30 此處指伽利略透過對炮彈從射出炮口到落地的軌跡是一條數學拋物線的論證，來解釋運動在不同方向上的分量，以及這些分量在各種情況下的疊加與合成。

何所有的嗜好都不應尋求、也不需要理性的證明。想要去做，這已經是充分的理由。如果我們一定要找出原因解釋嗜好為什麼有用處或有益處，我們就把嗜好變成了工作，也就使之降格，成為以獲得健康、權力或利益為目的而進行的一種可恥活動。舉啞鈴不算是嗜好，那只是在表示自己要做於己有益的事，卻不是在為自由而堅持。

在我的孩提時代，我們鎮上的一棟小屋裡住著一位上了年紀的德國商人。他總是在星期天出門，到密西西比河沿岸鑿下岸邊突出的石灰岩。他鑿下了成噸的岩石碎片，所有的碎片都貼上了標籤並進行編目分類。碎片中含有微小的莖狀化石，這種被稱為海百合的水生生物已經滅絕了。鎮上的人認為這個謙遜和藹的老人有點兒不正常，但是對誰都不會造成傷害。有一天，報紙報導說鎮上來了些有身分的陌生人，據說他們是偉大的科學家，有些來自國外，有些是世上最有影響力的古生物學家。他們前來拜訪那位無害的老人，來了解他對海百合的看法，並把他的看法視為定律。直到老人去世時，整個鎮上的人才意識到，他是海百合領域的世界級權威，是知識的創造者、科學史的締造者。他是個了不起的人，與他相比，當地的企業領袖只不過是粗俗的開發者。他收集的化石陳列在地方博物館，他的名字世人皆知。

我認識一位熱愛種玫瑰的銀行總裁，玫瑰讓他成為快樂的人，也讓他成為更優秀的銀行總裁。我認識一位熱愛種番茄的車輪製造商，他知道關於番茄的所有知識，而且也知道關於車輪的所有知識，雖然二者的因果關係並不確定。我還認識一位對甜玉米著迷的計程車司機，他只要開口暢談，就會讓你對他豐富的知識感到驚詫，並慨嘆世上竟有那麼多應該知道的事情。

我所知道的現今最有魅力的嗜好，是重新興起的馴鷹術。在美國有若干個上癮的人，在英國或許有十來個，的確屬於少數族群。買一個用來射死鷺鳥的彈藥筒只需一點點錢，但是要訓練一隻鷹去捕鷺鳥，鷹和飼鷹者必須在幾個月或幾年的時間裡辛苦訓練。彈藥和鷹都是致命的媒介。彈藥是化學工業的完美產品，我們可以寫出致命反應的公式。鷹是生物演化過程中產生的完美精英，而演化依然是極端神祕的魔法。沒有人能夠了解這些猛禽僕人與我們分享的掠食直覺，或許將來也不會有人了解。鷹在撲向獵物時，眼睛、肌肉和飛羽的完美協調，不論現在還是將來都沒有一種人造的機器能夠合成。被鷹捕殺的鷺鳥不宜食用，因此沒什麼用處（從前的飼鷹者似乎也吃過這種鳥，就像童子軍在夏天使用彈弓、木棒或弓箭捉到受跳蚤騷擾的棉尾兔時，會把兔子燻烤後吃掉）。而且，哪怕是最微小的馴鷹技術上的差錯，都只會導致下面二者之一的結局：鷹或者像智人[31]一樣被馴化，或者頭也不回地飛向藍天。總而言之，馴鷹是近乎完美的嗜好。

製造和使用長弓是另一項完美的嗜好。門外漢認為弓在專業人士手中會是有效的武器，但事實並非如此。每年秋天，威斯康辛州只有不到一百個人登記用寬頭箭獵鹿，這一百個人之中，能獵到一頭鹿的人只有一個，而且這個人會為這意外收獲感到驚訝。但是每五個持來福槍獵鹿的人

31 現代人在生物上的學名為「智人」（*Homo sapiens*），拉丁文homo 是「人」的意思，sapiens 是「智慧」，亦即「有智慧的人」。

就有一個能獵到鹿。所以，作為一名弓箭手，根據我們的記錄，我要憤然否認有關弓箭效用的斷言。我只承認，如果你上班遲到了，或忘記在星期四把垃圾桶按時拿出去時，那麼忙於製造射箭用具，可以充當一個好藉口。

人無法獨自造出槍支，至少我做不到。但我可以造一張弓，而且有些弓也能用來打獵。這讓我想到，對嗜好的定義或許應該修訂一下。在現今這個時代，良好的嗜好或者是製造某件東西，或者是製造出用來製造某件東西的工具，然後使用這件東西去做某件不必要的事情。等我們過了現在這個年代之後，良好的嗜好又將是這一切的逆轉。這就又回到挑戰時代的問題上了。

良好的嗜好也必然是場賭博。我注視著那粗糙、笨重、易裂的柘樹木頭，想像著有一天，這其貌不雅的木頭會成為光彩奪目的完美武器，想像著彎成完美弧形的弓，將在瞬息之間以耀眼的箭劈裂天空。但與此同時，我也必須想到另一種可能：弓在瞬息之間爆裂成無用的碎片，而我又將每晚坐在長凳上，用一個月的時間辛辛苦苦再造一張弓。總之，一切嗜好的基本屬性，就是很可能會出現失敗，比起工廠生產線製造汽車時那確定無疑的必然性，二者之間形成了強烈的對比。

良好的嗜好可能是對於庸常事物的孤獨反抗，也可能是志趣相投的一群人共同進行的合謀。這一群人有時也可能屬於一個家庭。這兩種情況下的嗜好都是一種反叛——如果是不抱希望的反叛反而更好。人們在社會傳統之下慢慢累積了不滿情緒，並醞釀出種種愚蠢的想法，倘若整個政治體突然完全接受這些想法，將出現我所能想像得到的最混亂情況。不過，這種危險並不存在。不盲從是社會動物演化出的最高成就，而且這種屬性的發展不會比其他的新機能更快。科學不久前才發現，在「自由」的野蠻人以及更自由的哺乳動物與鳥類之中，存在著何其驚人的組織化過程。社會中的等級制度，已經成了大多數人類所屬的群居世界的負擔，或許，嗜好正是人類對這種負擔產生的第一個否定行為。

環河

The Round River

在早期的威斯康辛州，令人驚嘆的景象之一就是環河，那是一條匯入自身、循環奔騰、永無休止的河流。發現它的是保羅．班揚，關於班揚的傳說故事，講述了他如何讓許多原木在這永不休息的河水上漂流。

沒有人會認為班揚是在用環河進行比喻，不過這其中的確蘊涵著一個比喻。威斯康辛州不僅是有一條環河，實際上它本身就是一條永無休止的環河，這條環河的水流就是能量之流。能量流出土壤，先後進入植物和動物，然後復歸土壤，如此循環生生不息。「塵歸塵，土歸土」，正是環河概念的無水版本。

人類乘坐順著環河而下的原木，明智審慎地去除一些樹節，從而控制原木的方向和速度。這一技藝使我們獲得了「智人」這種特別的稱謂。去除樹節的技巧被稱為經濟學，對於古老路途的記憶被稱為歷史，對於新路線的選擇被稱為治國才能，談論即將到來的淺灘或急流的交談被稱為政治。一些人不僅想除掉所在原木上的樹節，而且想改造整條河流中的原木船隊。這種和自然展開的集體交涉被稱為國家計劃。

我們的教育體系很少把生物體系描繪成河流。環河的水道是由土壤、植物群和動物群共同構成的。從年幼時起，我們就被灌輸了關於這三者本身的知識（生物學）、關於它們起源的知識（地質學和進化）、關於它們開發技巧的知識（農學和工程學）。然而，究竟什麼是具有乾旱、洪水、滯水和沙洲的水流，這一概念的意義只能自己推知。要了解這條生物溪流的水文學，我們思維必須轉換成與演化論呈垂直的角度，並且探察生物界的集體行為。這需要的思考方式與教育「專門化」的走向相反；我們必須對生物界的整個圖像有更深的了解，而不是糾纏於越來越多的細枝末節。

生態學便試圖採取這種與達爾文學說成垂直方向的思考方式。這種科學是個咿呀學語的嬰兒，而且和其他嬰兒一樣全神貫注於自己創造的話語。它發生作用的時間是在將來。生態學注定成為有關「環河」的知識，它是一種遲來的努力，要把我們有關生物世界的共有知識，轉化為有關生物航行的集體智慧。總結來說，這就是對自然環境和野生動植物的保護。

對自然環境和資源的保護，是要追求人與土地之間的一種和諧狀態。這裡的土地指的是土壤表面、土壤之上和土壤之中的所有事物。與土地的和諧就像與友人相處，你不能在砍下他左手的同時，珍惜他的右手。也就是說，你不能喜歡獵物卻厭惡捕食者；你不能保護水域卻毀棄山嶺；你不能建造林地卻破壞農場。土地是個有機體，它的各個部分就像我們身體的各部分一樣，相互之間既有競爭也有合作。競爭與合作都屬於內部機制的運轉。你可以小心謹慎地管理調節各個部分，但是，沒有任何一個部分可以廢除。

廿世紀的傑出科學成就，並非發明了收音機或電視機，而是發現土地有機體的複雜性。只有最了解土地的人，才能認識到我們在這方面所知甚少。最無知的表現，莫過於在評價動植物時說，「它有什麼用途？」不論我們理解與否，土地有機體整體運作良好，意味著每一部分都運作良好。如果生物群系在始自亙古的悠長歲月裡，構築出了我們喜歡但不理解的事物，那麼只有傻瓜才會毀棄其中看似無用的部分。聰明的維修者首先要注意的，就是保存好每一個齒輪和機輪。

保存土地機制的所有組成部分，這就是自然資源保護的首要原則。但我們是否已經學會了這樣做呢？還沒有，因為就連科學家也還不能認識所有的組成部分。

在德國的施佩薩特山的南面山坡上，生長著世間最壯麗的橡樹，美國的家具製造者如果需要品質最優良的木材，就會使用這裡的橡木。情況本應更好的北面山坡卻隻長著普通的歐洲赤松。兩面的山坡同屬一個國有森林，兩個世紀以來受到了同樣的精心照料，又為什麼會出現這樣的差異呢？

踢開橡樹下的枯枝落葉，你會發現樹葉落地後很快就開始腐爛。然而，在松樹下堆著的厚厚一層針葉，腐爛的速度卻慢得多。為什麼呢？因為在中世紀，曾有一個喜歡狩獵的主教把南面的山坡作為獵鹿場保護起來，拓荒者在北面的山坡放牧、耕種和割草，與我們今天在威斯康辛和愛荷華州的林地所做的事情相同。直到過度墾荒的階段結束，北面的山坡才重新種植了松樹。但是，土壤的微生物群在墾荒過程中已經發生了變化，微生物的種類減少了很多，或者說，土壤的消化系統失去了一些器官。要彌補這些損失，兩個世紀的保護還遠遠不夠。若想發現施佩薩特山上是哪些小齒輪和機輪決定了土地與人是否和諧，我們需要現代的顯微鏡，以及對土壤科學的百年研究。

生物群落若要存在下去，其內在的程序必須保持平衡，否則群落中的某類生物就會消失。大家很清楚的是，一些特定的生物群落委實存在了很長時間。一八四〇年的威斯康辛州的土壤、動物群和植物群，與一萬兩千年前冰河期結束時的情況基本相同。我們知道這點，是因為這裡的動物屍骨和植物花粉保存在泥炭沼澤裡。連續的泥炭層所保存的花粉數量的差異，甚至可以揭示天氣情況的變化。大量的豬草花粉出現在大約西元前三千年的泥炭層中，這意味著當時可能連續發生了旱災，或是有一大群野牛在此踐踏，或有嚴重的草原大火。反覆發生的這些不利情況，並未消滅此地的三百五十種鳥類、九十種哺乳動物、一百五十種魚、七十種爬行動物，還有數千種昆蟲和植物。所有這些生物在內部平衡的生物群系中，維持了許多個世紀，這體現出原有生物群系驚人的穩定性。科學無法解釋維持穩定的機制，然而外行人也能明白它的兩種作用：一、肥力從岩石中被抽取出來，而後沿著極其精密的食物鏈循環，使肥力積累與流失的速度相同或者更快。二、土壤肥力的地質積累與動植物的多樣性並存，穩定和多樣性顯然互為依賴。

我擔心美國的自然資源保護仍只是注重形式。我們尚未學會從小齒輪的角度思考問題。看一看愛荷華州和南威斯康辛州的草原吧，這是我們自己的後院。什麼是草原最珍貴的部分呢？是肥沃的黑土壤，即黑鈣土。是誰打造了黑鈣土？是草原植物，是上百種的禾草、草本植物和灌木；是草原上的真菌、昆蟲和細菌；是草原上的哺乳動物和鳥。所有這些生物都在同一個生物群系中共生，在充滿合作和競爭的活躍群落裡並存。經過上萬年的生存與死亡、燃燒與生長、追捕與奔逃、冰封與雪融，這個生物群締造了被我們稱為大草原的黑暗而殘酷的大地。

草原帝國源自何處，我們的祖輩並不知曉，也無從得知。他們把草原的動物趕盡殺絕，把植物驅趕到鐵路路基和公路兩旁的最後避難所。工程師視植物群為雜草、雜木，用壓路機和割草機對付它們。這之後的植物演替過程，任何一個植物學家都可以預測。草原花園成了魁克麥草的新天地，公路局在天然花園消失後雇用了庭園設計家，在魁克麥草當中種植榆樹以及一叢叢具有藝術造型的歐洲赤松、日本小蘗和繡線菊。自然資源保護委員會的成員前去參加某個重要會議時，會路過此地並讚賞人們美化公路的熱忱。

將來有一天，我們對於草原植物群的需求將不只是為了觀賞，還為了重建草原那遭到破壞的土壤。到了那時，許多物種大概已經無影無蹤。我們滿懷善意，但我們還不認識那些小齒輪和機輪。

我們在努力保護較大的齒輪和機輪時，仍然極其幼稚。一個物種瀕臨滅絕時，稍加懺悔就足以讓我們自詡品行高尚。等到這個物種最終絕跡之後，我們痛哭一場就又重蹈覆轍。

這裡有個好例子，灰熊最近已在大多數西部畜牧業發達的州絕跡。沒錯，黃石公園裡還有灰熊，但是外來寄生蟲不停折磨牠們，槍手埋伏在每個庇護所的邊緣等待牠們，新建的度假牧場和道路也在不斷縮小牠們的活動範圍。每年，有灰熊的州都在減少，灰熊的數量越來越少，活動範圍越來越窄。我們自我解嘲說，在博物館裡陳列一隻灰熊就夠了，但這只是我們力求心安而求得的謬論。我們忽視了歷史明確對我們說過：一個物種必須在許多地區得到保護，才有可能保存下來。

我們需要了解小齒輪和機輪，需要大眾對它們加以重視。但我有時也認為，還有一種東西是我們更加需要的，《森林和溪流》雜誌曾在刊頭將之稱為「對自然景致的優雅品味」。那麼，我們在培養「對自然景致的優雅品味」上，取得了什麼進展嗎？

在五大湖區的北部地區，還有一定數量的狼，每個州都設置了鼓勵捕狼的獎賞。此外，為了控制狼的數量，每個州都在向美國漁業與野生動物署的專家尋求幫助。然而，這個機構和一些自然資源保護委員會都在抱怨，越來越多的地方無法為數量持續增加的鹿提供足夠的食物。林務官也在抱怨周期性出現的兔患。既然如此，為什麼還要推行滅狼的公共政策呢？我們可以從經濟學和生物學的角度來討論一下。哺乳動物學者說，狼是控制鹿群過快增長的自然力量；狩獵愛好者則回答說他們會處理掉過多的鹿。這樣再爭論十年之後，可供爭論的狼也就都不存在了。一項保護自然資源的規定，經常與另一項相抵觸。

在五大湖區，我們培植了森林苗圃，我們重新種樹，希望能以此重現昔日的北方森林。這些植樹造林的進展讓我們感到驕傲，然而，這些苗圃裡找不到北美崖柏和美國落葉松。為什麼沒有崖柏呢？因為它生長得太慢，不是被鹿吃掉了，就是被赤楊擋住了光照剝奪了生命力。失去崖柏的北方森林並不會給林務官帶來煩惱。實際上，由於無法帶來經濟效益，崖柏在過去就曾遭到人們清除。出於同樣的原因，山毛櫸再也不會出現在東南部森林中了。某些樹種被清除出未來的植物群，是由主觀因素造成的；另外還有一些樹種數量變少，則是因為受到外來疾病的傷害，栗樹、柿樹和白松就是例子。把任何一種植物都視為獨立的實體，以個體表現的優劣，來決定促進或阻礙這種植物的生長，這會是合理的經濟學嗎？這樣的做法會對動物、土壤以及森林這整個有機體的健康帶來什麼影響？「對自然景致的優雅品味」讓人明白，經濟問題需要予以分開考量。

作為保羅．班揚的接班者和繼承人，我們既不知道自己在對河流做些什麼，也不知道河流在對我們做些什麼。我們為這個州消除原木上的節瘤，憑藉的只是力量而非技巧。

我們已經完全改變了生物之流。如今的食物鏈始自玉米和苜蓿，而非橡樹和鬚芒草；流經的是牛、豬和家禽，而非赤鹿、鹿和榛雞；最後進入了農夫、摩登女郎和大學新生體內，而非印第安人體內。只要查一下電話簿或政府部門的名冊就能知道，這一生物之流的流量巨大，可能遠遠超出了班揚之前的流量。不過奇怪的是，它一直沒有成為科學的測量對象。

在新的食物鏈中，養殖的動物和栽種的植物不具有鏈條所應有的連接力。農民在拖拉機的幫助下以勞動來維繫這些鏈結。此外，還有一種新的動物也在幫忙鼓舞激勵，那就是農學教授。班揚削除樹節是自學的結果，如今我們有了站在岸上提供免費指導的教授。

我們每用一種人工培育的動植物替代野生動植物，或者每用一條人工水渠替代自然水流時，都會造成土地循環系統的重新調整。我們不了解這些調整，也無法預知它們什麼時候會發生。除非結局很糟，否則我們甚至意識不到發生過調整。不論是美國總統為了一條航行運河重建佛羅里達，還是某個農夫為了牧場而重建威斯康辛的一片草原，人們都在忙於新的修補工作，無心顧及最後的效果。這麼多新的修補工作都還不令人感到疼痛，這充分證明了土地有機體的活力和韌性。

生態教育的懲罰之一，就是讓人意識到自己孤獨地生活在滿身創傷的世界中。但對一般人來說，土地所承受的大多數傷害都是隱形的。生態學家或許應該自我保護，假裝科學造成的後果和他並不相干。否則他必須做一名醫生，在一個自認為很健康、不願聽到反對聲音的社群中，看出死亡的印記。

政府對我們說需要控制水患，並且把流經我們牧場的小溪截彎取直；工程師對我們說，小溪現在已能容納更多的洪水。但是在這期間，我們失去了古老的柳樹林。冬天的夜裡，再也不會有貓頭鷹在柳樹上啼叫；晌午時分，再也不會有牛在柳蔭下甩著尾巴趕蒼蠅。同時我們也失去了盛開著石竹花冠龍膽的小片沼地。

水文學家已經論證過，小溪的蜿蜒是水文功能的必要組成。生態學者很清楚，沖積平原屬於河流，基於類似的原因我們可以與環河和平共處，而無需過多地改變水道。

讓我們用下面兩個標準來評估生態的新秩序：一，它是否能保持肥力？二，它是否能保有動植物的多樣性？土壤在開發的最初階段會是一派欣欣向榮的景象。眾所周知，感恩節的由來就在於拓荒者慶祝作物豐收，此外，當時也出現了野生動植物的興盛。數十種可提供食物的外來野草加入了本地的植物群，土壤仍然肥沃，一塊塊可耕地和牧場呈現出多樣化的地景。拓荒者記錄下了大量的野生植物，在某種程度上就是這種多樣性的結果。

新拓墾的土地都具有這種特點，即高強度的新陳代謝。這可能代表著正常的循環，也可能是長久貯存的肥力開始燃燒，或者說是生物群開始發燒。我們無法讓生物群咬住溫度計，看一看它是在發燒還是溫度正常，我們只能透過土壤所受的影響進行事後判斷。是什麼樣的影響呢？答案就寫在一千塊田地的溝渠上。農作物的畝產量基本是保持穩定的。農業技術的可觀進步只是在彌補土壤的損耗。在一些地區，例如乾旱塵暴區[32]，生物之流已消退到無法通航的程度，班揚的繼承人已搬到加利福尼亞，到那裡去釀「憤怒的葡萄」[33]。

剩下的本地動植物之所以還存在，只是因為農業的範圍還沒有擴展到那裡，否則它們也將遭到滅頂之災。當前農業的理念是「純淨的農牧」，這意味著食物鏈純粹追求經濟利益，並清除所有不符合經濟目標的環節，這是以強凌弱帶來的短暫而不平等的和平。與此相反，多樣化意味著有這樣一條食物鏈，能夠讓野生動植物與養殖的動物或栽培的植物和諧共存，從而追求共同的利益——穩定、多產和美麗。

純淨的農牧業確實也想恢復土壤，但它在達到這一目標的過程中只採用外來的植物、動物和肥料。它並不明白，最需要的是當初構建起這一地區土壤的本地動植物。穩定能夠由外來的動植物加以合成嗎？麻袋裡裝的化肥就足夠使土壤肥沃了嗎？這些都是引起爭論的問題。

沒有一個在世的人知道真正的答案。證明純淨的農牧業可行的是東北歐，儘管地景在此已大規模地人工化了，但是生物群（除了人類）仍能保持某種程度的穩定性。

32 指一九三〇年代，初美國俄克拉荷馬州及其他大平原地區受沙塵暴危害嚴重的區域，當時許多人被迫搬離這些地區。

33 《憤怒的葡萄》是美國作家斯坦貝克（Steinbeck）的代表作，描寫貧苦農民從俄克拉荷馬州平原流落到加利福尼亞州的悲慘經歷。

證明純淨的農牧業不可行的，是包括我們這裡在內的所有進行嘗試的地方，以及演化提供的無言的證明。在自然演化過程中，多樣性和穩定性是如此緊密地結合在一起，就像一體的兩面。

我有一隻捕鳥用的獵犬，名叫古斯。古斯無法找到雉雞時，就對黑臉田雞和草地鷚產生了熱情。這種替代品不可能帶來滿足感，但是，牠激發出的熱情掩蓋了找不到真正獵物的失敗，也減輕了由此造成的沮喪。

我們這些倡導自然資源保護的人也是一樣。從一個時代之前開始，我們就試圖說服美國的土地所有者控制煙火、種植森林、管理野生動植物，卻未得到很好的回應。我們實際上沒有森林學或造林法。土地私有者幾乎不會自願採取措施減少土壤侵蝕、控制污染，或管理農場、獵物或野生花卉。許多時候，私有土地的濫用情況甚至比我們進行說服之前還要嚴重。你如果不相信，可以去看一看在加拿大草原上燃燒的麥稈堆，看一看格蘭德河如何沖走肥沃土壤，看一看人工溝渠如何攀上帕勞斯和奧札克地區的山坡，以及愛荷華州南部和威斯康辛州西部的分水嶺。

為了減輕這一失敗給我們帶來的沮喪，我們也給自己找了隻草地鷚。不清楚是哪隻狗最先嗅到了草地鷚的氣味，但我知道田野上的每隻狗都對此投入了極大熱情。我自己則發現，我們採取的辦法是：如果土地私有者不採取自然資源保護措施，那我們就成立一個自然資源保護部門，為他們做這件事。

這個替代品和草地鷚一樣，既具有優點，也有成功的希望。在保護部門所能買得起的貧瘠土地上，情況的確令人滿意。但問題是，它無法阻止肥沃的私有土地變成貧瘠的公有土地。這樣做可以緩解我們真實的挫敗感，卻會讓人忘記：我們還沒有找到一隻雉雞。

草地鷚是不會對我們加以提醒的。牠突然發現自己的地位重要起來，正為此洋洋自得。

如果考慮到謀利動機在破壞土地時造成的驚人結果，我們會猶豫是否不該利用這樣的動機來恢復土地。我傾向於認為，我們高估了謀利動機的影響範圍。為自己營建一個漂亮的家，會有利可圖嗎？讓子女接受更高的教育，會有利可圖嗎？不，這些事很少有利可圖，但我們都樂於去做。事實上，是倫理和美學觀念構成了經濟體系的基礎。一旦接受了這些觀念，經濟力量就會整合社會體系中的小枝節，與之和諧共存。

目前，針對土地狀況的倫理和美學前提尚不存在，但我們的孩子必須生活在這片土地上。人們認為，孩子是我們在歷史名冊上的簽名，土地只是能賺到錢的場所。只要人們獲得的利潤足夠送孩子上大學，擁有一塊挖了溝渠的農田、一片遭到破壞的森林或一條受了污染的溪流，都還不會被視為社會的恥辱。無論土地出了什麼毛病，反正會有政府出面解決。

我認為問題的根源就在於此。自然資源保護教育必須樹立的，就是支撐土地經濟學（Land Economics）的倫理支柱，和整個世界對於了解土地機制的渴望。這才能夠開展自然資源保護工作。

Natural History

大自然的歷史

不久前，一個星期六的晚上，兩名中年農人設好了鬧鐘，準備在星期天凌晨天還不亮時起床。他們按時起床，擠好牛奶，然後跳上一輛小貨車，迎著風雪駛向威斯康辛州中部的沙地郡縣。那裡是出產交稅證明、美國落葉松和野生牧草的地方。到了傍晚，他們帶回來一卡車的落葉松幼苗和充滿奇異經歷的心。最後一棵幼苗是藉著燈籠的光亮種在自家沼澤上的。然後，他們又去擠牛奶。

與「農人種植落葉松」相比，「人咬狗」在威斯康辛州不算什麼大新聞。一八四〇年之後，我們一直在挖掘、焚燒、排水、砍樹。美國落葉松已經從這些農人所在的地區消失了。那他們又為什麼想重新種植呢？原因是他們希望在二十年後讓泥炭蘚重新出現在林中樹下，然後是拖鞋蘭、豬籠草，還有威斯康辛州原始沼澤其他瀕臨絕跡的野花。

這些農場人完全是唐吉訶德式的行為，沒有得到任何部門提供的獎勵，當然也不是因為有利可圖。該怎樣理解他們做這些事的意義呢？我稱這種做法為「逆反」——反對的是那種只從經濟利益看待土地的可憎態度。人們都以為，為了在土地上生存就必須征服土地，因而完全開墾的農

田就是最好的農田。但這兩位農人從經驗中認識到，完全開墾的農田只能勉強維持生計，而且使生活受到了限制。他們的想法是，在種植農作物的同時，也種植野生植物，可以從中得到樂趣。他們決定在一小塊沼澤地上種植當地的野花。這種對土地的期盼大概與我們對孩子的期盼相似——不僅有機會謀生，也有機會表現並發展各種自然或訓練激發的天賦能力。還有什麼比原先生長在土地上的植物，更能表現這片土地的能力呢？

這裡我要談的是，野生的事物可以給我們帶來樂趣，而自然史的研究既是娛樂也是科學。歷史並不會讓我的工作輕鬆進行。博物學者需要努力補救的事情很多。曾有一個時期，紳士和淑女經常漫步鄉野，不過目的是搜集喝茶時的聊天話題，而不是探尋世界的形成之謎。那時的鳥類學家把所有的鳥都稱作「小鳥兒」，植物學家用拙劣的詩文記述，而所有的人只會叫嚷著「看那美景」。不過，只要看看現今的鳥類學或植物學愛好者的手記就會發現，一種新的態度已經形成，只是這種態度與當前正式的教育體系幾乎無關。

我認識一位化工專家，他利用空閒時間整理旅鴿的歷史，以及從動物家族中戲劇性滅絕的過程。旅鴿在他出生前就絕跡了，他採取的辦法是閱讀日記、信件和書籍，以及這個州印出的每份報紙。他對旅鴿的了解超出了之前的任何一個人。我估計他在搜尋關於旅鴿的資料時，曾讀過十萬份文件。任何把這浩瀚工程當做工作的人都會不堪重負，他卻欣悅地沉浸其中，仿似獵人滿山搜尋罕見的鹿，或是考古學家為了找到一隻聖甲蟲而在埃及四處挖掘。不過，這種工作需要的當然不僅是挖掘，尋獲目標後，還需要以最高超的技巧進行詮釋。這種技巧無法從別人那裡學到，只能在挖掘的過程中培養出來。在當今歷史的後院裡，數百萬的平庸之輩只會感到厭倦，這個人卻從中發現了奇遇、探險、科學和消遣。

我還知道，在俄亥俄州有位家庭主婦對歌帶鵐進行研究，研究的地點是真真切切的後院。一百年前曾有人對這種最常見的鳥進行科學的命名和分類，之後這種鳥就被人忽視了。這位俄亥俄州的鳥類愛好者則認為，鳥和人一樣，在名字、性別和服飾之外，還有更多值得了解的事物。她開始在花園設陷阱捕捉歌帶鵐，給每隻鳥戴上塑膠腳環。從腳環的不同顏色，她可以辨別、觀察並記錄這些鳥兒的旅行、覓食、戰鬥、歌唱、求偶、築巢和死亡，也就是說，她破解了歌帶鵐群落的密碼。這樣過了十年，她對於歌雀社會、歌雀政治、歌雀經濟和歌雀心理的認識，勝過了任何一個人對任何一種鳥的認識。科學開闢出了通往她家門口的道路，各國的鳥類學家都來向她請教。

這兩名業餘愛好者都出了名，不過他們開始研究時根本沒想到成名，名望是意外的收獲。我所談的也不是名望。他們獲得的是比名望更重要的個人滿足感，而滿足感也是其他很多業餘愛好者的收獲。但我要問的是，在鼓勵自然史領域的業餘研究者這方面，我們的教育體系做了什麼呢？若要找到答案，或許可以去聽一聽正規動物學系的正規課程。那裡的學生正在默背貓骨頭上隆起部位的名稱。研究骨骼當然重要，不然我們就無法了解動物存活至今的演化過程。可是為什麼要記下隆起的部位呢？有人告訴我們這屬於生物學的訓練。可是，難道了解活生生的動物，了解牠們如何在陽光下鞏固地盤，不是同等重要嗎？不幸的是，對活著的動物的研究，在當前的動物學教育系統中完全被忽略。像我所在的大學裡，就沒有開設鳥類學或哺乳動物學的課程。

植物學教育也是如此，只是沒有動物學教育那麼極端。

學校對戶外研究的排斥由來已久。生物學出現在實驗室時，業餘的自然史研究還處於把各種鳥類都稱為「小鳥兒」的階段，專業的自然史研究則是為物種命名分類，積累動物飲食習慣的記錄，但不進行詮釋。於是，實驗室研究方法開始蓬勃發展，並與停滯不前的戶外研究形成競爭態勢。自然而然地，實驗室生物學很快就被人視作較優越的科學形式，並在繼續發展的過程中，把自然史擠出了教育制度。

當前這種默記骨頭形式的教育馬拉松，就是這種競爭過程的合理結果。這種教育當然也有其他正當理由。學醫的人需要它，動物學的教師也需要它。不過我認為，相比之下，一般人更需要的是理解這個活生生的世界。

在這期間，野外研究發展出的技巧與觀念，和實驗室研究具有同樣的科學性。業餘愛好者不再只是愉快地漫步鄉野，列出一系列的物種名稱、遷徙日期和走禽的名字。現在每個人都可應用的技巧包括：給鳥上腳環、在羽毛上作記號、統計有多少隻鳥，對鳥的行為和環境進行實驗等等。這些都屬於量的研究方法。如果業餘愛好者具有想像力和耐力，也可以選擇和解決真正的科學性自然史問題，這些問題可能都像太陽一樣，新奇且從未經探索。

現在的觀點是，實驗室的研究和野外研究不應互相競爭，而應互為補充。不過，這種新觀念還沒有影響學校的課程設置。擴充課程體系需要資金，因此，對自然史感興趣的學生在大學得到的不是鼓勵，而是冷落。大學教給學生的只是怎麼解剖貓，而不是以欣賞的目光睿智地審視鄉野，然而這兩方面的內容都應講授，倘若二者不可兼得，我們應捨前者而取後者。

生物學教育是培養公民的途徑。為了更清楚地了解生物學教育的失衡和貧乏，我們可以帶某個很聰明的學生一起到野外去，在那裡問他幾個問題。他肯定了解植物的生長過程和貓的身體結構，不過我們要看看他對土地的構造了解多少。

我們驅車沿著密蘇里州北部的一條鄉間道路行進。那兒有個農莊，看一看院子裡的樹和田裡的土壤，他能不能說出當初的開拓者是從草原還是從森林開墾出這個農場的？他在感恩節時吃的是草原榛雞還是野火雞？哪些原來生長在這裡的植物消失了？它們為什麼會消失？草原植物對這片土壤上的玉米產量有什麼影響？為什麼這裡的土壤現在遭到了侵蝕，以前卻沒有？

假定我們是在奧札克山旅遊，那裡有一塊廢棄的田地，其間的豬草矮小稀疏。這是否能告訴我們，為什麼這塊地的抵押人失去了贖回權？事情發生在多久以前？這片田野是不是尋找鶴鶉的好地方？遠處的墓園隱藏了什麼樣的人類故事，故事是否與這些矮小的豬草有關？如果這片流域的豬草都這樣矮小，是否在暗示我們溪流將來有可能泛濫？是否向我們揭示溪流裡鱸魚和鱒魚的未來？

許多學生會認為這些問題很愚蠢。事實並非如此。任何一個有觀察力的業餘博物學者都應明智地思索這些問題，並且樂在其中。你也會看到，當今的自然史只是偶爾探討動植物本身的個性、習慣和行為；因為當今的自然史主要關注的是動植物彼此之間的關係、動植物與哺育牠們的土壤和水之間的關係，以及動植物與歌頌「我的故土」卻不知其運行機制的人類之間的關係。有關這些關係的科學就被稱為生態學。不過被稱為什麼名稱並不重要，重要的是，受過教育的公民是否清楚他在整個生態機制中只是一個小小的齒輪；他是否清楚，如果與生態機制協作，他就會擁有無限的精神和物質財富，如果拒絕協作，他最終會被生態機制碾壓成塵。教育如果不能教給我們這些，那麼教育的目的又是什麼呢？

我們追求與土地的和諧，如同追求人類的絕對公正和自由。在追求這些更高層次的目標時，重要的不是獲得的結果，而是奮鬥的過程。只有在機械化的企業裡，我們才能期望所付出的努力會很快或徹底達到所謂的成功。

我們如果表明自己是在奮鬥，就意味著我們從最初就明白，所需要的事物必須來自內心。單純依靠來自外界的力量，不足以推動人們為某個理念而奮鬥。

因此，我們的問題就是，當很多人已然忘記土地的存在，當教育和文化幾乎完全脫離了土地，怎樣才能讓人們為了與土地的和諧共生而奮鬥。這也是自然資源保護教育所面對的問題。

Wildlife in American Culture

美國文化中的野生動植物

原始人的文化往往以野生動植物為基礎。因此，野牛不僅為平原上的印第安人提供食物，也極大地影響了他們的建築、服飾、語言、藝術和宗教。

文明人的文化基礎已經改變，但是仍然保留了一部分源自荒野的文化。這裡我要討論的就是，以荒野為根源的文化具有什麼價值。

文化是不可度量的，我也不會浪費時間這樣做。我要說的是，具有思考能力的人普遍認為，在能使我們重新接觸野生世界的戶外運動、習俗和體驗中，都可以找到文化上的價值。我不揣冒昧，把這些價值分為三類。

首先，如果一種經驗能讓我們想起民族的起源和發展，亦即激起我們的歷史意識，這種經驗就是有價值的。這種歷史意識的最佳意義就是「民族主義」。就我們民族來說，由於找不到其他簡稱，我就把這種意識稱為「拓荒者精神」。比如說，一個身為童子軍的男孩鞣好了一頂浣熊皮帽，在小徑下面的柳樹叢中裝成拓荒英雄丹尼爾·布恩時，他就是在重演美國歷史。他已經從文化上做好了準備，可以面對當今黑暗而血腥的現實。又比如，農場的一個小孩在吃早餐前查看他所設的陷阱，然後帶著一身麝田鼠氣味走進教室時，他就是在重演毛皮交易的浪漫傳奇。不論是在社會還是在個人身上，「個體發生史」都是在重覆「種群發生史」。

第二，如果一種經驗能讓我們想起對「土壤—植物—動物—人」這種食物鏈的依賴，想起生物群系的基本結構，這種經驗就是有價值的。文明以各種機器和媒介干擾了人與土地的這種基本關係，導致人們對土地的認識日漸模糊。我們以為是工業在養活我們，卻忘了工業是靠什麼養活的。從前，教育也曾貼近而非遠離泥土，例如，有一首童謠講述的是帶一張兔皮回家給嬰兒做斗篷，還有很多類似的民謠和故事都可以讓我們想起，人類曾經依靠自然狩獵帶給家人衣食。

第三，如果一種經驗能夠遵循被統稱為「戶外活動精神」的倫理限制，那麼這種經驗就是有價值的。人類改進狩獵工具的速度超過了改進自我的速度，「戶外活動精神」就是主動限制這些工具的使用，從而在追逐獵物時多發揮一些技巧，少使用那些器械。

野外生物的倫理學具有特殊的美德。一般來說，沒有觀眾會對獵人的行為喝采或指責，獵人不論做什麼都是因著自己的良心，而不是為了一群旁觀者。這一事實的重要性不論怎樣強調都不為過。

我們不應忘記的是，自願遵守倫理準則可以增進獵人的自尊，而漠視倫理準則就會使獵人走向退化墮落。例如，不要浪費優質的肉，這是所有狩獵準則的共同規定。不過，現在的事實卻是，威斯康辛的獵鹿人每次合法獵取兩頭雄鹿，都至少會殺死一頭母鹿、小公鹿或幼鹿，並把牠們的屍體留在森林裡。或者說，約有一半的獵人只要看到鹿就會射擊，直到射中法律允許獵殺的鹿。遭到非法獵殺的鹿就那樣被留在牠們倒下的地方。這樣的狩獵毫無社會價值，而且會使這些獵人養成習慣，進而在其他領域也違反倫理準則。

因此，拓荒精神以及與土地有關的經驗，看似只有兩種可能性：不是沒價值，就是有更多價值。但是倫理經驗可能也有負面價值。

我們植根於野外的三種文化養分，基本上就可以如前述這樣解釋。但這並不等於文化獲得了滋養。獲取價值從來都不是自動完成的，只有健康的文化才能吸收養分並得到發展。那麼，我們目前的戶外娛樂滋養了我們的文化嗎？

拓荒時期產生了兩種觀念，一是「輕裝上陣」，一是「一顆子彈，一頭公鹿」。這正是戶外活動體現拓荒精神的精髓。拓荒者必須輕裝，因為交通不便，缺少資金，又沒有機關槍戰術所需的武器，因此，射擊就必須節約、準確。其實，人們開始接受這兩種觀念是由於別無選擇，因為必須將就現實。

不過，這兩種觀念後來發展成了戶外活動的準則，成為戶外活動者自動遵守的規範。建立在它們之上的，是自立、剛毅、有荒野求生能力和槍法等獨特的美國傳統。這些理念是無形的，但是並不抽象。羅斯福總統是出色的狩獵家，並非因為他在牆上掛起了很多戰利品，而是因為他用小學生都能懂的語言，表述出了這一模糊的傳統。在斯圖爾特．愛德華．懷特[34]的早期作品裡，我們可以發現更微妙、更準確的表達。基本上可以說，這些人了解文化價值，創造了文化價值的發展模式，從而也就創造了文化價值。

隨後出現了器械製造者，或者販售戶外活動用品的商人。這些人用無數新奇的裝備把美國的戶外活動熱愛者武裝起來。這些裝備原本是用來作為自立、剛毅、荒野求生能力和槍法的輔助，結果卻常常替代了這些傳統。新裝備塞滿了口袋，或掛在脖子和皮帶上搖晃著。卡車和旅行拖車滿載著各種戶外裝備，每一種裝備都是越來越輕便、越精良，然而總重量已由從前的以磅計算，變成了以噸計算。裝備的交易量是個天文數字，這個數字被認為代表了「野生動植物的經濟價值」，因而被正式公布。然而，這些做法的文化價值又在哪裡呢？

34 Stewart Edward White（1873-1946），美國作家，從一九〇〇到一九二二年間，他寫了一些關於旅遊與冒險的作品，強調自然歷史和戶外生活。

我們以獵鴨者作為最後一個例子。他坐在鐵船上，躲在充當誘餌的人造鴨子背後，自己不用費力，噗噗作響的馬達就會把他帶到埋伏地點。如果寒風刺骨，罐裝的化學燃料可以讓他取暖。他用工廠製造的鳴叫器向飛過的鴨群喊話，模仿一種在家聽唱片學到的具有誘惑力的聲調。鳴叫器沒什麼意義，不過誘餌還是發揮了作用，一群鴨子盤旋著飛了過來。必須在牠們繞第一圈時就開槍，因為沼澤裡埋伏著很多帶著類似裝備的獵人，他們可能會先開槍。鴨群離他七十碼時，他扣下了扳機，因為他那把槍的多變式阻氣門已經設置成無限遠，而且他的超級Z式子彈數量充足，廣告上說射程很遠。子彈在鴨群中炸開，幾隻被打斷了腿的鴨子掉下來，不知會死在哪裡。這個獵人感受到了什麼文化價值嗎？或許他只是在為貂提供食物吧？下一次開槍的距離會是七十五碼，否則還能用別的方法獵到鴨子嗎？這就是當前的獵鴨模式，是所有公共獵場和許多狩獵俱樂部採用的典型模式。哪裡還有「輕裝」的理念和「一顆子彈」的傳統呢？

這些問題沒有簡單的答案。羅斯福並不小看現代的來福槍，懷特也經常使用鋁鍋、尼龍帳篷和脫水食品。但他們只是適當地接受種種器械的幫助，而非受其役使。

我不知道什麼是適度，也不知道恰當與不當使用器械的界限在哪裡。不過我可以清楚地說，器械的來源和它們的文化效應有很大關係。自製的狩獵或戶外生活用品常常可以加強而非破壞人和土地之間的關係。用自製的魚餌釣鱒魚的人，在魚之外另有收獲。我自己也會使用工廠製造的很多小器具。但事情必須有個限度，超過了限度，花錢買到的這些用品，就會破壞戶外活動的文化價值。

並非所有的狩獵都和獵鴨一樣墮落，仍有人在捍衛美國傳統，或許射箭運動和用鷹狩獵的復興，就代表了這方面的努力。但整體趨勢顯然是機械化程度越來越深，而文化價值則相對得越來越萎縮，尤其是拓荒者精神和倫理的約束。

我覺得美國的狩獵愛好者是困惑的，他不明白自己出了什麼問題。更大型、更優良的設備有益於工業，為什麼無益於戶外休閒？他還沒有明白，戶外休閒基本上應是自然的、返璞歸真的，這些娛樂的價值來自於與現代生活的反差，而過度機械化無疑是把工廠遷入森林或沼澤，從而破壞了這種反差。

沒有哪個領導者會告訴獵人出了什麼問題。與戶外活動相關的刊物已不再代表戶外活動，而成為戶外用品的廣告板。野生動物管理者忙於生產供人射擊的動物，無心關注射擊的文化價值。從希臘將軍色諾芬到美國總統羅斯福，每個人都說戶外活動有價值，因此，人們就認為這個價值是不會被磨滅的。

對於不使用槍支火藥的戶外活動，機械化產生了各種不同的影響。現代的望遠鏡、照相機和鳥的鋁製腳環等物品，並不會降低鳥類學的文化價值。如果沒有船外馬達和鋁製小舟，釣魚的機械化程度似乎比狩獵低得多。但是另一方面，機動化的交通工具將供人旅行的野地，切割得零零落落，因而破壞了野外活動的樂趣。

邊遠林區的傳統以獵犬來獵狐，有趣地體現了或許無害的局部機械化情況。使用獵犬是最純粹的狩獵之一，它具有真正的拓荒精神，表現了人和土地關係最高級的戲碼。因為獵人故意不用槍射狐狸，因此，體現了獵人在道德上的自制。可是人們現在卻開著福特車追逐狐狸！和獵角聲交織在一起的，是廉價小汽車的喇叭聲！不過，似乎沒有人會發明一隻機器獵狐犬，或者在獵犬鼻子上裝上一支多管獵槍，也沒有人會用留聲機或其他省力的捷徑，來教人訓練狗。我想製造商們在狗的王國裡，已經無計可施了。

把狩獵的弊病全歸咎於這些輔助工具，實際上不太公正。登廣告的人提出了各種概念，但概念很少像實物一樣誠實，儘管它們可能都沒什麼用。特別值得一提的是，那些告訴別人「何處去」的專欄。知道哪裡有打獵或釣魚的好去處，是一種非常私人化的財富，就像魚竿、獵狗或獵槍一樣，是個人出於善意出借或贈予的東西。但是在我看來，把它們放在戶外活動專欄這個市場上叫賣，以增進銷售量，似乎是另一回事了。把它作為免費的公共服務交給所有的人，無疑更是另一回事。現在就連自然資源保護部門都在公然告訴任何人，哪裡能釣到魚，哪裡會有一群為了覓食而冒險飛落的野鴨。

所有這些有系統的混亂現象，都傾向於把戶外活動中的個性因素非個性化。我不知道正當和不當做法該在哪裡分界，但我認為，指引何處去的服務已經超出了理性的範圍。

如果狩獵或釣魚的狀況不錯，那麼指引何處去的服務，有吸引到理想人數就可以了。但是，如果狀況不佳，登廣告的人就必然訴諸更有誘惑力的手段，例如釣魚摸彩，即在養殖的魚身上貼上號碼，釣到有中獎號碼的魚就能拿到獎品。這種科學和賭博的怪異混合，必然會讓許多資源幾近枯竭的湖泊，面臨過度垂釣的命運，同時也讓許多地方的商會成員感到得意洋洋。

野生動物管理人員如果認為自己和這些事情無關，那就太懶散了。生產商和推銷員是同一類人，兩者是一丘之貉。

野生動物管理人員試圖控制環境，在野外養殖獵物，從而把打獵從開發轉為生產。這種轉變的發生，對文化價值會有什麼影響呢？必須承認，拓荒精神和自由開發之間是有歷史聯繫的。拓荒英雄丹尼爾．布恩沒有耐心坐等農作物的收成，對野生動物的產量更是如此。而老派的獵人不願接受生產獵物的想法，或許也是對拓荒者精神的繼承。生產獵物的想法受到抵制，或許是因為違背了拓荒精神的自由傳統。

機械化無法為被它破壞的拓荒精神提供文化替代品，至少我沒有看到。然而，養殖或管理的確提供了一個替代品，即野生資源管理。在我看來，這一替代品至少有相同的價值。為了野生動物的繁殖而管理土地，具有與其他形式的耕作相同的價值。它在提醒人們不要忘記和土地的關係。另外，它還包含道德的約束；為了不去控制肉食動物而進行的獵物管理，則需要更高層次的道德約束。因此我們可以得出結論，獵物的生產削弱了拓荒精神，但卻強化了其他兩種價值。

如果我們把戶外活動視為活躍的機械化發展與完全靜態的傳統的衝突，那麼，文化價值的確是前景黯淡。但是，戶外活動的觀念，為什麼不能像戶外用具那樣蓬勃地發展呢？或許拯救文化價值需要採取攻勢。就我個人而言，我認為時機已經成熟。獵手們可以為自己決定未來的模樣。

例如，過去十年裡出現了一種嶄新的戶外活動形式，這種活動不會傷害野生動植物；它雖然使用新式裝備，卻不會受到裝備的役使；它解決了限定活動區域的問題，大大增加了一個地區可以承載的人數。這種活動沒有動物獵捕量的限制，也沒有禁獵季節；它需要的是教師，而不是監察官；它需要具有最高文化價值的新荒野求生能力。這種活動，就是野生動植物研究工作。

野生動植物研究最初是專業人員的工作。比較困難或麻煩的研究問題，無疑必須依靠專業人員，但是仍有許多問題適合讓不同程度的業餘愛好者參與研究。機械發明的領域中，早就有業餘愛好者參與研究。但是人們才剛剛注意到，從事生物學的業餘研究同樣具有娛樂價值。

業餘鳥類學家瑪格麗特．莫爾斯．尼斯在自己的後院裡研究歌帶鵐，已經超越了許多鳥類研究機構裡的專業人士，成了鳥類行為研究的世界級權威。銀行家查爾斯．布羅利出於興趣給鷹上腳環，他發現了當時還沒有人注意到的事實：一些鷹冬天在南方築巢，然後到北方森林去度假。

在曼尼托巴平原種小麥的農場主諾曼和斯圖亞特．克里德爾，研究農場上的動植物群，由於深諳從當地植物到動物生長周期的所有知識，就成了這方面的公認權威。新墨西哥州山中的牧牛人埃利奧特．巴克，寫了一本關於美洲獅的書，為這種難以捉摸的貓科動物提供了非常出色的介紹。不要以為這些人是在遊戲之中工作，他們只是意識到，最大的樂趣就蘊藏在觀察和研究未知的事物之中。

目前大多數業餘愛好者已知的鳥類學、哺乳動物學及植物學，和在這些領域可能或可以發現的事物相比，只是幼稚園的遊戲。原因之一就是，整個生物學教育（包括野生動植物教育）的結構，就是要使專業人員壟斷研究。業餘愛好者只能進行自以為的發現之旅，只能去證實專家已經知道的事情。年輕人需要明白的是，有一艘船就建造在他們心中的船塢裡，這艘船也可以在大海上自由自在地航行。

我認為，野生動植物管理所面臨的最重要工作，就是推廣野生動植物研究。野生動植物還具有另一種價值，儘管現今只有少數生態學者能夠看出這種價值，但它對整個人類的發展卻具有潛在的重要性。

我們已經知道動物群具有一些行為模式，動物個體意識不到這些模式，卻幫助構成了這些模式。例如，兔子並不知道生命的循環周期，卻是這個循環的載體。

我們無法在單一個體或在短時間內看出這些模式。即使我們對一隻兔子進行最徹底的研究，也無法發現兔子數量增減的周期。只有在對兔群進行數十年的研究之後，才能發現兔子數量的循環周期。

這引出一個令人不安的問題：人類種群是否也存在我們不自覺，卻由我們協助構成的行為模式？暴亂和戰爭、騷動和革命，是否就是出於這種模式？

在許多歷史學家和哲學家的詮釋中，人類的集體行為是個體有意志的行為匯聚而成的結果。外交的所有問題，都假定政治團體具有高尚人士的特質。另一方面，一些經濟學家把整個社會視為歷史過程中的玩物，而我們對過程的了解大半是事後才知道的。

我們可以合理地認為，和兔子的社會發展相比，人類的社會發展具有更多受意志影響的內容；但我們也可以合理地認為，人類作為物種，對自身的某些群體行為模式還毫不知情，環境還從未喚起人們對這些模式的注意，此外我們也可能誤讀了某些群體行為模式。

這種對人類群體行為原理的疑惑，使人類對可類比的高等動物產生了特別的興趣，並為這些動物賦予了特殊的價值。埃林頓[35]等人就曾指出高等動物的文化價值。長久以來，我們一直無法抵達這豐富的知識寶庫，因為我們不知該在何處或如何進入。現在，生態學正指導我們在動物群裡尋找我們自身問題的相似體。透過了解生物界中某一小部分的活動情況，我們可以猜測整個結構的運作方式。理解這些深刻的意義，並對其進行批判性評估的能力，就是未來的荒野求生能力。

總之，野生動植物曾經哺育我們並塑造了我們的文化，而且現今仍在為我們的閒暇時光帶來樂趣。可是我們卻試圖靠現代機械來獲取這些樂趣，並因而損害了它的一部分價值。倘若我們能夠投入現代人的心態與才智，那麼我們收獲的將不僅是樂趣，還有智慧。

35 埃林頓（Paul Errington），美國生物學家，李奧帕德的同事和朋友。

鹿徑

The Deer Swath

那是八月的一個炎熱的下午，我正悠閒地坐在一棵榆樹下時，發現有一頭鹿穿過了東面四分之一英哩處的一小塊空地。鹿踏出的一條小徑穿過我們的農場，因此從小木屋往那個方向看去，任何經過的鹿都會落入視線。

我突然意識到，我在半個小時前挪動椅子時，已經把椅子放在了觀察鹿徑的最佳地點，而且幾年來，這成了我下意識的習慣做法。於是我又想到，如果砍掉一些灌木，或許還能擴展觀察的視野範圍。天黑以前，我砍掉了一排灌木，之後的一個月裡我發現了幾隻在以前可能看不到的鹿。

連著幾個周末，我都把砍掉灌木的地方指給客人看，想看看他們對此的反應。大多數人很快就忘了這件事，其餘的人則和我一樣，一有機會就往那裡看。

我很快就得出了清晰的結論，喜歡戶外活動的人可分四類：獵鹿人、獵鴨人、獵鳥人，以及不想打獵的人。分類與性別、年齡或裝備無關，而是基於人類觀察外界時的四種不同習慣。獵鹿人習慣性地注視道路的下一處轉彎，獵鴨人注視天宇，獵鳥人注視獵犬，不想打獵的人什麼也不需要注視。

獵鹿人坐下時，要坐在能看到前方的位置，而且背要靠著某個東西。獵鴨人坐下時，要藏在某樣東西身後，能看見高空的位置。不想打獵的人只需要找個舒服的地方坐。這些人都不會注視狗。但獵鳥人注視的只有狗，而且總是知道狗在哪裡，不論狗此時是否在視線之內。

狗的鼻子就是獵鳥人的眼睛。很多獵人在狩獵季節只知道帶著獵槍，卻從未學會觀察他們的狗或解讀狗對氣味的反應。

也有一些出色的戶外活動者不屬於這些類型。鳥類學家靠耳朵搜尋目標，僅僅用眼睛追隨耳朵所搜尋到的東西。植物學家靠眼睛搜尋近距離的目標，他們尋找植物的能力令人驚嘆，但卻幾乎不會注意到鳥類或哺乳動物。林務官只會注意到樹木以及依賴樹木存活的昆蟲和蕈類，但是對其他一切都不關心。此外，還有眼睛只盯著獵物的獵人，他們認為其餘一切都毫無趣味或價值。

有一種令人費解的捕獵模式，我無法將之和上述任何一個群體聯繫在一起。這就是尋找動物的糞便、足跡、羽毛、巢穴、棲息地，以及動物擦癢、毆鬥、掘土、進食、搏擊或捕獵所留下的痕跡，這些被林務人員統稱為「解讀跡象」。這是罕見的技巧，而且似乎往往和書本知識相背離。

與解讀動物所留痕跡類似的行為，是解讀植物所留的痕跡，但這同樣是罕見的技巧，而且更令人困惑。我可以舉一個非洲探險者的例子來說明這點。這位探險者在一棵樹的樹皮上發現了獅子的抓痕，位置是二十英呎高，所以他認為抓痕是在樹沒長高時形成的。

被稱為生態學家的「生物萬事通」，他們試圖做到前述所有的事。可想而知，他們並沒有成功。

大雁的音樂
Goose Music

若干年前，高爾夫球在這個國度普遍被視為社會的裝飾品，或是有錢人閒暇時的愜意消遣，而企業家對這種運動沒有一點好奇心，更不必說產生濃厚興趣了。但是今天，為了讓社會普通成員都能接觸到高爾夫球，很多城市都在建自己的高爾夫球場。

其他大多數戶外休閒活動也都發生了這種觀念的改變，半個世紀以前的無聊行為，成了當今社會活動的必需品。不過奇怪的是，對於狩獵和釣魚這兩種最古老、最常見的戶外休閒活動，這種改變的影響還只是剛開始。

我們當然已經隱約地瞭解到，一個疲憊的商人在野外待一天會有益健康。我們也明白，由於野生動植物的毀滅，野外生活已經失去了誘惑。但是，我們尚未學會從社會福祉的角度來表述野生動植物的價值。人們從不同的角度證明野生動物保護具有合理性，有人說野生動物可以提供肉食，其他人則從消遣、金錢，或者科學、教育、農業、藝術、公共衛生，甚至軍事需求等方面找理由。事實是，所有這些都只是廣義的社會價值的要素，而野生動植物如同高爾夫球一樣，是一種社會財產。但到目前為止，還幾乎沒有人透徹地了解或完整地表達出這一事實。

綠頭鴨的振翅聲和呱呱叫聲會觸動一些人的心弦，對這些人來說，野生動植物具有更大的意義。這不只是後天培養的品味，因為在瞄準和追逐獵物中獲得樂趣，是人類天生的本能。高爾夫球是高雅世故的運動，對狩獵的愛好卻幾乎是與生俱來的生理特質。不喜歡高爾夫球沒關係，不過，如果不喜歡觀賞、追逐、拍攝或與鳥獸鬥智，就很難說是正常的了。那樣的人是文明得過了頭，我個人會不知怎樣與之交往。嬰孩看到一個高爾夫球時不會激動得顫抖。但是，如果一個男孩第一次看見鹿時不為之雀躍，我肯定不會喜歡這個男孩。因此，我們在這裡要討論的是，某種心靈深處的東西。即使沒機會發揮和控制狩獵本能，人仍然可以生活下去，就如同有些人的生活中可以沒有工作、遊戲、愛情、事業或其他重要冒險。不過缺失了這些東西，在如今會被視為不適應社會。人們越來越把運用正常本能的機會視為不可剝奪的權利。毀滅野生動物的人則在剝奪人們的權利之一，而且是徹底剝奪。在最後一角空地被混凝土建築覆蓋之後，我們還是可以拆掉建築，重新建成遊樂場。但是，當最後一隻羚羊離我們而去時，即或把世間的所有遊樂場聯合在一起，也無法彌補這樣的損失。

如果野生鳥獸是社會財產，那牠們有多少價值呢？我們可以說，有些人繼承了狩獵的狂熱，沒有野生鳥獸的生活會使之倍感失落。不過這樣回答沒有確立任何可比較的價值，而如今，在各種必需品間進行選擇有時是必須的。比如說，一隻野生大雁有多少價值呢？我有張交響樂演出的入場券，價格並不便宜，但還算是值得。然而，為了看到一隻大雄雁在黎明時分嘎嘎叫著飛進我設的陷阱，我會放棄去聽音樂會。天氣寒冷刺骨，我又笨手笨腳，沒有打中大雁，但我仍然很開心。結果並不重要，重要的是我看到了牠，當牠出現在西方的灰色天空時，我聽到了雁鳴，聽到了掠過牠那伸展開的羽翼的呼呼風聲。而且我感覺到了牠，即使是現在回想起來，我仍感到妙不可言。這隻雄雁肯定已讓十個人感受到了這種興奮，其價值完全可以與交響樂演出的入場券相比。

我的記錄顯示，這個秋天我已見到了一千隻大雁，在牠們從北極圈到墨西哥灣的驚人旅程中，每隻大雁都有可能在某個地方帶給人們花錢買不來的欣喜。或許，有一群大雁讓一些小學生興沖沖地趕回家講述他們的奇遇；或許在某個暗夜，有一群大雁從高空為整座城市奏響大雁小夜曲，喚起了無盡的疑惑、回憶和希望；或許還有一群大雁，讓某個耕作中的農民停下來憧憬遠方、旅行和人群，在此之前他的生活只是乏味的苦工，他對生活沒有任何想法。我確信，這一千隻大雁可以給人們帶來有價值的豐富收獲。金錢具有的只是交代的價值，如同畫的售價或詩歌的版稅。那麼替換價值呢？倘若再沒有畫作、詩歌或大雁的音樂呢？這樣的想法令人傷感，但問題必須得到回答。若有迫切的需要，或許會有人再寫出另一部《伊利亞德》，或者再畫出另一幅《晚鐘》[36]，但是有誰能再造出一隻雁？只有造物主。「我，耶和華，必應允他們。這是耶和華之手所做，是以色列的聖者所創。」

36《伊利亞德》（*Iliad*）是古希臘詩人荷馬的著名史詩。《晚鐘》是法國畫家米勒（1914-1875）的名畫。

用同一個天平衡量雁的音樂和藝術，是否不夠莊重？我想不會，因為真正的獵人只是個不去創作的藝術家。在法國的岩洞中，是誰在骨頭上畫下了第一幅圖畫？是一個獵人。在現代生活中，是誰看到美麗生靈時會為之興奮，並忍饑受凍目不轉睛地追隨？也是獵人。是誰寫下偉大的獵人詩篇，歌詠那些令人驚嘆的風雪、冰雹、星辰、閃電、雲朵、獅子、鹿、野山羊、渡鴉、鷹和鵰，以及重要的馬的頌辭？是約伯——有史以來最偉大的戲劇藝術家之一。詩人歌頌大山，獵人攀爬大山，都是出於同一個原因——對於美的陶醉。評論家描寫動物，獵人智勝動物，都是為了同一個原因——把美納為己有的渴望。二者的差異主要是程度、自覺性和所用語言的問題，當然語言是劃分人類行為的詭異裁決者。如果我們的生活可以沒有大雁的音樂，那我們也可以沒有星辰、落日或《伊利亞德》。但問題是，如果沒有這些東西，我們只會成為傻瓜。

野生動物有什麼道德和宗教上的價值呢？我知道一個故事，講述了一個男孩從無神論到信仰上帝的轉變，因為他看到一百多種鶯科的鳥兒，每種都如彩虹般炫麗，而且這些鳥每年都要飛越數千英哩的遷徙旅程。科學家對遷徙進行了明確描述，卻並未真正了解其中的奧祕。在千百萬年中，各種元素要經過什麼樣的偶然匯合，才能產生如此美麗的鳥兒？又有哪種機械的突變理論，可以解釋深藍色林鶯的顏色、黃褐森鶇的晚禱、天鵝之歌或大雁的音樂？與許多採取了歸納法的神學家相比，這個男孩肯定有更堅不可摧的信仰。將來還會有許多男孩子來到世間，像以賽亞那樣「看見、知道、思考，進而明白，這是主的手所做」，然而他們是在哪裡看見、知道或思考呢？

難道是在博物館裡？

與其他戶外活動對比，狩獵和釣魚會對人的性格產生什麼影響？我已經指出，對狩獵和釣魚的渴望是心靈深處的東西，既出自本能，也是為了競爭。魯賓遜的兒子沒見過網球拍，不打網球也照樣可以生活，但他肯定會打獵或釣魚，有沒有人教他都是一樣。不過從他的主觀利益來看，打獵或釣魚並未為他帶來任何優越性。對於性格的形成，更重要的是什麼呢？對這個問題的探討可以持續到世界末日，就像在學校裡討論男孩或女孩比較優秀一樣。我不想在此多費筆墨，只想強調有關狩獵值得重視的兩點。第一，戶外活動的倫理規範並非固定的規則，而是由個人確立並遵守的，有資格對其進行裁決的只有上帝。第二，普遍意義的狩獵需要借助狗和馬，然而在我們這個依靠汽油驅動的文明社會裡，最嚴重的欠缺之一，就是缺乏駕馭獵犬或駿馬的經驗。昔日的人們相信，毫不了解狗和馬的人算不上紳士，這種看法的確蘊涵著很多真理。在西方，對動物的虐待行為受到眾人鄙夷。這種依照經驗來評斷別人性格的方法，早在「性格分析」出現之前就已盛行於養牛地區，而且該方法將繼續被人們採納，可能比性格分析更長久。

不過，要證明兩種不錯的東西哪一種比較好，意義其實不大。關鍵是，喜歡狩獵和釣魚的美國人大概有六百萬到八百萬，這個種族的人普遍具有對狩獵的狂熱。任何能促使他們往戶外去的誘因，都能使他們受益，而對這些誘因的任何損害，都會使他們受到傷害。如何對抗這種損害，就成了社會問題。

結論如下：我是天生的狩獵狂，也是三個兒子的父親。他們年幼時，總是把用於捕獵的誘餌當玩具，還拿著木頭槍在空地上亂跑。我希望能讓他們擁有強健的體魄、良好的教育，甚至獨特的技能。不過將來，如果山裡不再有鹿，樹叢中不再有鵪鶉，草地上不再有輕唱的鷸鳥，他們又該如何應用這些特質呢？或許有一天，當黑夜降臨沼澤時，再也聽不葡萄胸鴨或藍翅鴨的嘎然長鳴；當晨星漸漸隱沒在東方泛白的天空時，再也看不見撲簌乘風高翔的飛鳥；當黎明的清風吹過古老的楊樹林，當柔和的晨光自山丘而下，漸漸照亮古老的河流，悠然漫過寬廣的褐色沙洲時，再也沒有大雁的音樂。倘若如此，他們該怎麼辦？

第四部　荒野之歌

當天神一般的奧德賽在特洛伊戰爭後終於重返家園，他用一根繩子絞死了家裡十幾個女奴，原因是懷疑她們在他離家時行為不端。

他的做法在當時不會引起任何質疑。那些女子是他的財產，對財產的處置不論過去還是現今，都只是合乎利益與否的問題，無所謂正確與否。

奧德賽時代的希臘其實並非沒有正確與否的觀念。在他的黑色船隊終於駛過深暗如酒的海洋回到家園之前，他的妻子在漫長歲月裡堅持的忠貞就可證明這一點。當時的倫理結構涵蓋了妻子，但並未延伸到奴隸身上。此後的三千年裡，倫理標準擴展到許多行為方面，單純由合乎利益與否來衡量的行為，則相應地減少了。

倫理規範的演變

倫理規範的擴展到目前為止還只有哲學家研究過，但它實際上是生態進化的一個過程。這個過程的演進除了用哲學術語，我們也可以用生態學術語來加以描述。從生態學的角度看，倫理規範是對生存競爭中的行動自由加以限制；從哲學的角度看，倫理規範是對社會行為和反社會行為進行區分。兩種定義指的是同一事物，源於相互依存的個體或群體進行合作的趨勢。生態學家把這種合作稱為「共生現象」，政治和經濟是高級的共生現象，具有倫理內涵的合作機制，部分取代了原先一些自由無序的競爭。

隨著人口密度的增長以及工具效能的提高，合作機制也日趨復雜。例如，要定義乳齒象時代的木棒和石頭的反社會用途，比界定汽車時代的子彈和廣告牌的反社會性用途，要複雜多了。

摩西十誡等早期倫理規範針對的只是個人之間的關係，之後增加的倫理規範針對的是作為個體的人與社會間的關係。「己所欲，施於人」這個金科玉律試圖把個人和社會結合起來，而民主則試圖把社會組織和個人結合起來。

目前還沒有任何倫理規範可以規約人與土地以及人與土地上的動植物的關係。土地就像奧德賽的女奴一樣，只被視為財產。人和土地的關係仍然完全是經濟考量，只有對土地的特權，而不是義務。

如果我正確地解讀了種種跡象，那麼把倫理規範擴展到人類環境中的上述第三種要素，在演化上是可能的，在生態上是必要的。這是一系列步驟中的第三步，前兩步已經完成了。自從猶太先知以西結和以賽亞的時代以來，具有獨立精神的思想家都堅稱，對土地的掠奪既不恰當，也不正確。然而他們的信念尚未得到社會的認可。我把當前的自然資源保護運動，視為確認這種信念的開端。

倫理規範可被視為指引人們如何面對生態形勢的模式，這種模式既新穎又複雜，而且反應如此遲緩，以致普通的個人無法看出社會採取了什麼權宜之計。面對這種形勢，個人的指導模式是動物性的本能，而倫理規範或許是一種正在形成的群體本能。

群體概念

到目前為止，所有倫理規範都依賴一個前提：個人屬於群體，群體中的成員則相互依存。個人受本能的驅使，為在群體中取得一席之地而參與競爭，但個人的倫理規範則促使他與其他成員合作（或許這樣才能獲得競爭的舞台）。

土地的倫理規範擴展了群體的範圍，納入了土壤、水和動植物，這些東西可以統稱為土地。

情況乍聽起來很簡單。對於自由的土地和美好的家園，難道我們不是已經在高唱我們的愛和責任了嗎？答案是肯定的，但我們愛的是誰？當然並非土壤，我們正讓土壤倉促不堪地流向下游；當然並非江河湖海，在我們眼中，它們的作用只是轉動渦輪、供船航行和排走污水；當然也非植物，我們已經無動於衷地毀掉了整個植物群落；當然也非動物，我們已經滅絕了許多美麗的大型動物。土地倫理規範當然無法阻止對自然資源的改變、管理和使用，但它的確肯定了這些資源有權利繼續存在，而且至少應該在某些地方自然地生存繁衍。

總之，在人與土地形成的群體中，土地倫理讓人類的角色從征服者變成一般成員和公民。這必然意味著他對群體其他成員以及對群體本身的尊重。

歷史已經讓我們明白（至少我希望我們明白），征服者最終都是被自己擊敗的。為什麼呢？因為征服者自以為知道是什麼使群體運轉，在群體的生活中什麼有價值什麼沒價值，誰有價值誰沒價值。實際上，征服者對這些總是一無所知，因此，征戰最終只能導致失敗。

在生物群落裡也有相似的情況。亞伯拉罕[37]認為土地的存在就是為了把牛奶與蜂蜜送到他的嘴裡。現在我們對這一觀點的相信程度，恰與我們的教育程度成反比。

今天，一般人相信，科學知道是什麼在使生物群落運轉。但科學家確信自己對此並不知曉，他們認為生物群落具有極其複雜的機制，或許人類永遠不會完全了解其運作情況。

生態學對歷史的詮釋表明：人類其實只是生物群的一員。很多歷史事件目前都還只是從人類活動的角度加以解釋的，但這些事件實際上是人和土地的生物性互動。事件的決定因素，既包括

37《聖經》中古希伯來人的始祖。

生活在土地上的人的特性，也包括土地的特性。

以密西西比河谷的開拓為例。在獨立戰爭[38]之後的年代裡，有三個群體彼此爭奪，都想取得此地的控制權，他們是當地的印第安人、法國和英國的商人，以及美國的拓荒者。歷史學家不知道，如果底特律的英國人多給印第安人一些支持，那麼情況會有什麼不同。但最後的結果是，美國移民開始進入肯塔基州蔓草叢生的荒原。不過，讓我們思考這樣一個事實：在拓荒者的牛、犁、火和斧頭所代表的不同力量的共同作用下，肯塔基的野地植物變成了適合作為牧草的早熟禾。如果這片黑暗而殘酷的土地上原有的植物演替，在這些力量的作用下帶給我們的卻是沒有價值的薹草、灌木或雜草，那麼情況又會怎樣呢？拓荒者布恩和肯頓還能堅持下去嗎？還會不會有大批移民湧入俄亥俄、印第安納、伊利諾和密蘇里等州？美國政府還會不會購買法屬的路易斯安那州？會有橫貫大陸的新聯邦嗎？南北戰爭還會發生嗎？

肯塔基州只不過是歷史戲劇中的一句台詞。一般情況下我們會被告知，人類演員在這場齣戲劇中要做的是什麼，然而很少有人告訴我們，人們的成敗在很大程度上取決於不同土壤對占領者所施加力量的反應。就肯塔基的情況來說，我們甚至不知那些早熟禾來自何處，究竟是當地原生

38 美國獨立戰爭發生在一七七五到一七八三年，是一場北美十三殖民地和大英帝國之間的戰爭，起因於英國對殖民地不平等的經濟政策，後來法國、西班牙及荷蘭也加入戰爭；同時，印地安人也分別與雙方結盟。最後，英軍慘敗投降，承認美國獨立。當時美國的疆域，北至五大湖，西到密西西比河，南至北緯31度。

的物種，還是從歐洲偷渡而來的。

我們來以後見之明把肯塔基和美國西南地區的荒原進行比較。那裡的拓荒者同樣勇敢、機智、堅忍。只是他們沒有帶來早熟禾或其他能承受過度開墾利用的植物。這個地區遭到放牧牲畜的蹂躪後，長出的矮草、灌木和雜草越來越沒有價值，直至整個狀態回歸到不穩定的平衡狀態。每次植物種類的減少都造成土壤流失；每次新增的土壤流失，都造成植物種類的進一步衰減，結果導致今天此地越來越嚴重的衰敗狀況，受損的不僅是植物和土壤，還有依靠植物和土壤生存的動物群。這一切出乎早期拓荒者的預料，在新墨西哥州的沼澤區甚至有人開挖水渠，結果加快了情況的惡化。自然的變化過程極為微妙，居民們很少察覺得到，觀光客則根本看不出來。在他們眼裡，這個遭到破壞的地景仍然絢麗迷人（它的確仍相當迷人，但是和一八四八年的面貌相比已經迴異[39]）。

這個地區之前也經歷過一次「開發」，只是結果迴異。普韋布洛印第安人早在哥倫布之前的時代就已在西南地區定居，而他們恰巧沒有牧場牲畜。他們的文明滅絕了，但那並非是因為土地的衰竭。

39　一八四八年二月，在美墨戰爭中，失敗的墨西哥和美國簽訂條約，割讓包括加利福尼亞和新墨西哥在內的五十二萬平方英哩土地，此後美國移民大批湧入這一地區。

在印度，沒有草原的地方也有人定居，而且顯然沒有破壞土地，這是因為他們採取了一個簡單的辦法：把草帶給牛，而不是讓牛去找草吃（我不知這是源於某種深奧的智慧，還是單純的好運氣）。

總而言之，植物的演替影響著歷史的進程，而拓荒者不管怎樣，都只是證明了土地原有的自然演替是什麼樣子。我們是否能以這種態度來講述歷史呢？答案是肯定的——如果，我們能真正地將土地視為群體，如果，這樣的觀念能深入人心。

生態學的意識與良知

自然資源保護是人與土地的和諧狀態。雖然經過了近一個世紀的宣傳，資源保護的進程仍像蝸牛一樣遲緩，所取得的進展大多是空洞的口號和會議上爭辯。長久以來，我們仍然是每前進一步就要後退兩步。

如何解決這一困境呢？最常見的答案是「加強資源保護教育」。沒有人會對此提出異議，然而，需要加強的只有教育的分量嗎？教育的內容是否也有所缺失呢？

很難對教育的內容進行簡潔恰當的概述，但是按我的理解，其內容大致是：遵守法律、公平選舉、參加某個組織機構、在你自己的土地上實施有利的保護措施，其餘的事情則留給政府。

這個方案是否過於簡單，因而無法完成任何有價值的事情呢？它沒有界定對錯，沒有指明義務，不號召人們付出，也不主張改變當前的價值哲學。在土地使用方面，它只主張開明的利己行為。這樣的教育會帶領我們走多遠？有個例子或許可以提供部分的答案。

到了一九三〇年時，除了在生態方面完全無知的人以外，誰都知道威斯康辛州西南部的表層土壤正向海洋流失。一九三三年，農人被告知，如果他們願意連續五年採取某種補救措施，政府會派資源保護隊協助他們，並提供必要的機械和材料。大部分人都接受了這一提議，但是，當五年的合約期滿時，這些措施已普遍被人遺忘，農人繼續採用的，只有那些能立刻帶來明顯經濟利益的措施。

這又引發了一種想法：如果讓農人自己制定規則，他們或許會學得更快些。於是威斯康辛州的州議會在一九三七年通過了〈土壤保護區法令〉。它實際上是在告訴農人：「如果你們自己制定土地使用的規則，政府將為你們提供免費的技術服務，為你們提供專用機械的借貸。每個郡都可以制定自己的規則，它們將具有法律效力。」幾乎每個郡都迅速組織起來接受政府協助。但是，經過了十年的運作，仍沒有哪個郡能制定出一條獨立的規則。這期間的確也有些可見的進步，例如帶狀種植[40]、牧草更新，以及在土壤上施用石灰。但是，在將林地圍起不讓牛羊啃食，禁止在

40　帶狀種植（Strip cropping）即在坡地耕種時，依等高線劃分出平行帶狀的田地，將集約生產的作物和牧草等間隔種植，以減緩土壤流失。

陡坡上犁地或放牛這些方面，可以說是毫無進展。總之，農人選擇了有利可圖的措施，忽略了那些對群體有利，但對自身未必有利的措施。

如果有人疑惑為什麼沒有預先制定出規則，他得到的答案將是：因為群體尚未準備好支持規則，教育必須先行於規則。但是，實際施行的教育，並未提及人對土地應有高於利己主義的義務。最後的結果就是，我們有了更多的教育，但土壤減少了，健康的森林減少了，只有洪水仍和一九三七年一樣頻繁。

事情的費解之處是，在改善道路、學校、教會和球隊時，高於利己主義的義務會被視為理所當然。然而，在改善水土流失方面，在保存農場風景的優美或多樣性方面，這種義務卻未被視為理所當然，也從未有人就此進行嚴肅認真的討論。土地使用的倫理規範仍然完全受到經濟上的利己主義所支配，這和一個世紀以前社會倫理的情況並無差異。

總之，我們請農人做些輕而易舉的事來保全他們的土壤，他們所做或所能做的也只有這些。農人即或是砍光山坡上百分之七十五的樹木，把牛趕到林間空地放牧，並任由山坡上的雨水、石頭和土壤一起流入當地溪流，只要他在其他方面表現得體，那他依舊是受人尊敬的社會成員。只要他在田地裡撒上石灰，沿等高線帶狀種植莊稼，他就仍有資格得到土壤保護區的特別待遇和補貼。保護區是社會體系中的美麗部分，但是我們太膽怯、太急於求成，因此沒有告訴農人他們的義務有多麼重要，結果致使保護措施得不到正常的投入、運轉和發展。如果缺乏良知，義務也就毫無意義，我們所面臨的問題，就是要把良知的範圍從人擴展到土地。

如果在思想的重點、忠誠、熱情和信念方面沒有內部的變化，也就不會有倫理規範的重大變化。哲學和宗教都還不知曉自然資源保護的存在，這足以證明自然資源保護尚未觸及人類行為的基礎。我們試圖使自然資源保護變得容易，結果卻使它變得無足輕重。

土地倫理的替代品

當歷史的邏輯渴望麵包，而我們卻遞出一塊石頭時，我們要絞盡腦汁解釋石頭和麵包多麼相似。現在，我將描述一些可以替代土地倫理這塊麵包的石頭。

完全以經濟來驅動的自然資源保護體系的基本弱點就是，土地群體的成員大多數沒有經濟價值，例如野花和鳴禽。在威斯康辛州兩萬兩千種本土高等植物和動物中，是否有百分之五以上可以賣出、食用，或有其他經濟用途，恐怕都令人懷疑。但是這些動植物隸屬於生物群落，我相信生物群落的穩定有賴於它的完整性，那麼這些動植物就有繼續生存下去的權利。

如果某種沒有經濟價值的生物受到威脅，而我們又碰巧喜歡它，我們就會找出藉口使它在經濟上變得重要。廿世紀初期，人們以為鳴禽即將消失，所以鳥類學家立即展開搶救行動。他們提出了一些明顯沒有根基的證據，例如，如果沒有控制昆蟲數量的鳥類，昆蟲將把我們吞噬。看來，證據要想有效就必須具有經濟性。

今天重讀這些托詞令人痛心。我們還沒有土地倫理規範，但是至少傾向於承認鳥類有生存下去的生物權利，不論這是否能帶給我們經濟利益。

類似的情況也存在於肉食性的哺乳動物、猛禽或水禽當中。生物學家曾經有些誇大地說，這些動物藉著殺死弱小的動物來維護大多數獵物的健康，或是牠們為農場控制了嚙齒類動物的數量，或是牠們只捕食不具價值的物種。在此，證據要想有效，同樣必須具有經濟性。只有最近幾年才出現比較誠實的論證，認為肉食動物是生物群的成員之一，人們無權因為某種真實或想像中的利益而消滅牠們。遺憾的是，這種進步的觀點還只是說說而已。在野外，人們正愉快地消滅著肉食動物，例如，在國會、自然資源保護部門和各個州議會的許可下，灰狼即將被趕盡殺絕。

某些樹種生長緩慢或木材價格太低，所以被有經濟頭腦的林務官驅逐出境，北美側柏、美國落葉松、柏樹、山毛櫸和鐵杉就是例子。歐洲的林業從生態學角度上看是比較進步的，沒有多少商業價值的樹種也會被視為本地森林群落的成員，從而合理地保存下來。此外，他們發現山毛櫸等樹種對於增強土壤肥力具有重要作用。他們認為森林、森林中的不同樹種，以及地面上的動植物之間，理所當然地存在著相互依賴的關係。

有時，缺乏經濟價值不僅是某個物種或族群的特徵，也是整個生物群落的特徵。沼澤、泥沼、沙丘和沙漠都是例子。我們對這些地方的處理方式是把它們交給政府，作為保護區、古蹟或公園來管理。困難的是，這些地區往往與較有價值的私有土地交織在一起，政府不可能擁有或控制這樣分散的土地。我們最終只好任由一些這樣的地方大範圍地消失。但是，如果土地私有者具有生態意識，那麼他將自豪地成為這類地區中的某個合理比例的監護人，因為這個地區讓他的農場和社區更加美麗多姿。

在某些情況下，認為這些荒地缺少利益的看法被證明是錯誤的，但那也只是在這些荒地大部分都已失去之後，才會這樣認為。一個很充分的例子就是，人們現在紛紛把水重新灌入麝田鼠沼澤。

美國的自然資源保護有一種明顯的傾向，就是把擁有土地的人該做而沒做好的全部必要工作都托付給政府。政府的所有權、經營、補貼或管理，現在已經遍及林業、牧場管理、土壤和水域管理、公園和野地保護、漁業管理以及候鳥管理，同時還在向各個領域滲透。政府自然資源保護的拓展大多數是恰當的、合理的，有些還是必不可少的。我絕不反對政府的資源保護，事實上，我生命中的大部分時間都已投身到資源保護工作之中。但是問題依然存在：這項工作的最終意義是什麼？稅收基礎足以使之達到它的最終目的嗎？政府的自然資源保護工作發展到什麼程度時，會像乳齒象一樣，因自己的體積過大而有礙行動？若有答案，答案似乎就在土地倫理規範之中，或是能向土地所有者分派更多責任的其他力量。

產業性的土地所有者和使用者，尤其是木材商和畜牧業者，經常高聲抱怨政府的所有權和管控擴展到了他們的土地上。但是他們幾乎都不願採用唯一可見的替代方法：在自己的土地上自主進行自然資源保護。

要求土地私有者為群體利益做些無利可圖的事時，他只會攤開雙手拒絕。這些事如果需要他花錢，這樣的反應倒還說得通，但是如果只需要他有些遠見、開放心胸，或付出些時間，那他至少可以考慮一下。近年來土地使用津貼的驚人增長，很大程度上來自於政府推行自然資源保護的機構：土地部門、農學院和服務機構。我所知道的是，這些機構並未土地所有者宣講他們應負起對土地的倫理責任。

總而言之，一種只以經濟私利為基礎的資源保護體系，是絕對失衡而且無望的。它容易忽略並最終抹煞土地群落中許多缺乏商業價值的成分，而這些成分就我們所知，是整個體系健全運轉的關鍵。這個保護體系誤以為，生物時鐘內有經濟價值的零件離開無經濟價值的零件以後，仍然可以運行。它常把許多工作交給政府執行，結果導致整體變得過於龐大、複雜或分散，政府最終會力不從心。

對這些情況，唯一顯而易見的補救方法就是：讓土地所有者負起對土地的倫理責任。

土地金字塔

一種倫理規範若要補充並指引經濟與土地的關係，首先應把土地想像成一種生物機制。因為只有涉及我們能夠看到、感覺到、理解、喜愛或信任的事物時，我們才會產生倫理感。

自然資源保護教育經常使用的意象是「自然的平衡」。因為冗長得無法詳述的理由，這個比喻沒有準確說明我們對土地機制有限的了解。一個更貼切的意象是生態學中使用的「生物金字塔」。我先概述一下作為土地象徵的金字塔，然後再從土地使用的角度探討一下這個象徵的內涵。

植物從太陽吸收能量，這些能量在生物群系裡循環流動，生物群系可以用一個多層金字塔來象徵。金字塔的底層是土壤，之上依次為植物、昆蟲、鳥類和嚙齒動物，再向上經過不同的動物群，最終達到由較大的肉食動物組成的頂層。

處於同一層級的物種的相似之處，並不在於生活區域與外表，而在於食物。金字塔的每一層都從下層獲得食物和其他所需物質，同時也為上層提供食物和其他所需物質；每往上一層，動物的數目都隨之遞減，因此，每隻食肉動物都要有數百隻動物作為捕食對象，這些被捕食的動物又要有數千隻可供其捕食的動物，數百萬隻昆蟲，直至無數的植物來支撐。這個系統的金字塔形式反映了從頂層到底層的數值增長。人類和熊、浣熊、松鼠同屬中間層，既吃肉，也吃植物。

生物對食物與其他物質的依賴路線被稱為食物鏈。土壤—橡樹—鹿—印第安人這條食物鏈，現在基本已轉變成土壤—玉米—牛—農人的食物鏈。包括我們自己在內的每個物種都是眾多食物鏈上的一環。除了橡樹，鹿還會吃上百種其他植物；除了玉米，牛還會吃上百種其他植物，所以這兩者都是數百條食物鏈中的一環。複雜得似乎無序的食物鏈構成了金字塔，其整體的穩定性證明，這是個高度組織的結構，其運作依賴各個部分的互相合作與競爭。

起初，生命的金字塔是低矮的，食物鏈短而簡單。演化使金字塔層層增高，環環加長。人類是增加金字塔高度和複雜性的萬千物種之一。科學給我們帶來了許多疑問，但至少能讓我們確定一件事情：演化的發展趨勢，使生物群系變得更加複雜多樣。

所以土地不僅是土壤，而是在土壤、植物和動物中循環流動的能量的來源。食物鏈是向上傳遞能量的活的通道，死亡和腐爛讓能量回歸土壤。循環是開放的，一些能量在腐爛過程中被消耗掉，一些能量從空氣中吸收進來，還有一些能量儲存在土壤、泥炭和長壽的森林裡。循環路線是可持續的，就像慢慢增加的生命儲備金。向山下流的水總是導致土壤流失，但量不大，而且可以從被侵蝕的岩石那裡得到彌補。流失的土壤儲存在海洋之中，在一定的地質時間露出海面，形成新的土地和新的金字塔。

能量向上流動的速度和特徵取決於動植物群的複雜結構，如同樹液向上流動依靠樹木複雜的細胞組織。如果沒有這種複雜性，即使是普通的循環或許都不會發生。結構是指由分子組成的物種的特定數量、種類和作用。作為能量單位的土地要順利發揮作用，就離不開土地結構的複雜性，二者之間存在著相互依賴的關係，這是土地的基本特徵之一。

倘若循環路線的某一部分出現變化，那麼其他很多部分都必須隨之調整。變化不一定會阻礙或改變能量的流動，漫長的演化過程就是一系列自發的變化，最終結果是使能量的流動機制更加細緻，或使其循環路線加長。不過，自然演化帶來的變化通常是緩慢的、局部的。在人類發明工具之後，帶來的改變卻是前所未有的猛烈、快速、廣泛。

改變之一是動植物群的組成。大型肉食動物從金字塔的頂端砍除；食物鏈在歷史上首次縮短而非變長。外來的馴化物種取代了野生物種，野生物種被迫遷往新的棲居地。在世界範圍的動植物群的整合中，一些物種越界而逃，成了有害生物，一些物種則被消滅。結果往往難以預料，其中表現出的是無法預知而且往往難以追蹤的結構再調整。農業科學在很大程度上就是新害蟲的出現與害蟲控制新技術之間的競賽。

另一種改變涉及到能量透過動植物回歸土地的過程。土壤具有吸收、儲存和釋放能量的能力，也就是肥力。農業透支了土壤的能力，過度地以馴養物種替代原有物種，可能會破壞能量流動的通道，或者耗盡貯存的能量。耗盡土壤的能量或維繫土壤的有機物後，土壤流失的速度會比形成的速度快，使得土壤劣化，形成所謂的侵蝕性土壤。

水和土壤一樣，是能量循環的組成部分。工業在造成水污染或築壩攔水後，可能會因此毀掉能量循環所需的那些動植物。

交通運輸帶來了另一種根本的變化。在某一地區生長的動植物如今會在另一個地區被消耗掉，並回歸另一個地區的土壤。運輸工具提取岩石和空氣中儲存的能量，然後把這些能量帶到別的地方使用。例如，我們用海鳥糞肥給菜園施氮肥，而氮是鳥從赤道另一邊的大海裡的魚身上提取的。以往的循環路線是區域性的、自給自足的，如今已經成為世界性的規模。

貯存的能量會在人類改變金字塔的過程中釋放出來。這在拓荒時期往往造成假象，似乎不論是野生動植物還是馴養的動物、栽培的植物都在蓬勃生長。這種生物資本的釋放，經常會遮掩或延緩迅猛改變所招致的懲罰。

我將土壤以能量循環來概述，表達了三個基本觀念：

一、土地不僅是土壤。

二、本土的動植物能使當地能量的循環開放順暢，外來的動植物未必能做到這點。

三、人類造成的改變與進化帶來的改變不同，其影響遠比預期的更加深遠。

這些觀念引發了兩個根本問題：土地能否使自己適應新的秩序？我們能否採取不那麼劇烈的

方式來達到預期的改變？

生物群系承受劇烈轉變的能力似乎各不相同。比如說，西歐的生物金字塔已和凱撒大帝當年在那裡發現的大不相同。生物群系失去了一些大的動物；溼潤的森林變成草地或耕地；很多新的動植物被引進，其中一些脫逃出來成了有害生物；存活下來的當地動植物在分布和數量上發生了很大變化。但土壤仍在，外來的肥料使土壤仍然保持肥沃；水在正常流動；新的結構似乎在發揮作用並將持續下去。能量循環沒有出現明顯的停止或混亂。

因此，西歐的生物群系是具有抵抗力的。它的內部進程堅韌靈活，能夠抗拒壓力。至今為止，不論改變是多麼猛烈，那裡的金字塔都能發展出某種新的妥協方式，從而使西歐適合人類及當地的其他大部分動植物生存。

另一個例子是日本，這裡的能量結構似乎也沒有因激烈轉化而瓦解。

其他文明地區大都呈現出了結構瓦解的情況，從早期徵兆到後期耗損的各個階段都有，一些幾乎未受文明影響的地區也是一樣。小亞細亞和北非的情況因氣候變化而顯得紛亂，氣候變化可能是結構耗損的原因，也可能是結果。美國各個地區的結構瓦解程度都不同，最嚴重的是西南部、奧札克山和南部的部分地區，最輕微的是新英格蘭和西北部。在情況不太嚴重的地區，對土地的合理使用可以抑制能量結構的瓦解。在墨西哥、南美洲、南非和澳大利亞的一些地方正發生著激烈迅速的能量損耗，但我無法預料其前景。

這種幾乎遍及世界的土地結構破壞似乎與動物所患的疾病相似，只不過它不會以完全解體或死亡作為終結。土地會恢復，然而複雜性會減弱，而且對人和動植物的承載能力也會降低。許多目前被視為「充滿機會之地」的生物群，實際上已經是在依靠剝削性的農業來維生，或者說，那裡的土地承載力已經越過了極限。從這一意義上看，南美洲的大部分地區是超載的。

在乾旱地區，我們試圖依靠土壤改良彌補耗損的過程。但很明顯的是，土壤改良的預期壽命常常是短暫的。在美國西部，最好的改良狀況可能也無法持續一個世紀。

歷史和生態學的證據似乎可以共同支持一個概括性的推論：人為改變的程度越是輕微，金字塔結構的重新調整就越有可能成功。人口密度不同，改變的激烈程度也就不同。稠密的人口要求比較激烈的轉變，因此，如果北美洲能設法限制人口密度，就應該比歐洲更易於維繫能量結構的穩定。

這一推論與我們當前的思維背道而馳。當前思維認為，人口密度稍微提高後，人類生活變得豐富，因此，如果將人口密度無限提高，就能使人類生活變得無限地豐富。生態學知道，人口密度和人類生活的關係不會無限擴展，人口密度提高的所有收益都受到報酬遞減律的制約。

不論人類和土地關係的方程式是什麼樣子，我們目前都還無法知道與之有關的所有條件。最近在礦物質和維生素方面的發現，揭示了自下而上的循環中存在一些料想之外的依賴關係：某些物質的微小含量決定了土壤對於植物以及植物對於動物的價值。那麼自上而下的循環呢？那些正在消失的物種，被我們視為美的享受而加以保護的物種呢？它們曾幫助形成土壤，對土壤的維持又有哪些我們想不到的重要作用呢？韋弗教授建議我們利用草原野花，去重建乾旱塵暴區遭到破壞的土地。誰知道有一天，我們會出於什麼目的，來仰賴鶴、兀鷲、水獺和灰熊呢？

土地健康和保育分歧

因此，土地的倫理規範反映出的是生態意識，而生態意識則意味著承認個人對土地的健康負有責任。土地的健康指土地自我更新的能力，自然資源保護則是我們為理解並維護這種能力所作的努力。

眾所周知，資源保護論者之間存在著意見分歧。表面上看來，這似乎只會導致更多混亂，但在仔細觀察後就會發現，許多專門領域中都存在著對同一問題的兩種歧見。例如，A組的人認為土地就是土壤，其功用是生產商品；B組的人認為土地是生物群系，其功用比較廣泛，但是廣泛到什麼程度，他們也坦承還不清楚。

我自己的專業領域是林業，其中A組的人滿足於像種甘藍菜一樣地種樹，將樹木纖維視為森林的基本產品。他們認為不必抑制猛烈的改變，他們的意識是農業式的。B組的人則認為，林業和農業具有根本差異，因為林業使用自然的物種，是在管理自然環境而非創造人工環境。B組的人原則上傾向於自然的再生產，由於生物和經濟兩方面的原因，他們既擔心栗樹等物種的消失，也擔心北美白松可能絕種。讓他們擔憂的還有次生林的所有間接機能，包括野生動植物、娛樂、水域、荒野地區。我個人認為，B組已經產生了生態意識。

在野生動物的領域裡也有類似分歧。A組的人認為，動物的基本產品是娛樂和肉類，評價標準是獲得的雉雞和鱒魚的數量。只要單位成本允許，人工養殖就是目前乃至永久的依靠對象。而B組的人則擔心生物群系的所有枝枝節節的問題：為了生產一種獵物，食肉動物會付出什麼代價？我們是否應該更加依靠外來的物種？山林管理怎樣才能恢復數量越來越少的物種，例如幾乎沒有希望再捕到的草原榛雞？如何保護生存受到威脅的鳥類，例如號手天鵝和美洲鶴？管理原則能否擴展到野花上？我們可以清楚地看到，這和林業一樣，存在著兩種分歧意見。

對於範疇較廣的農業領域，我沒有發言權，但這個領域裡似乎也存在類似的分歧。在生態學誕生之前，科學耕作就已開始發展，因此，可以預期生態學觀念的滲透會緩慢一些。此外，由於農業技術的生產本質，農人必然比林業人員或野生動植物管理者更徹底地改變生物群系。不過，農業界也存在對現狀的諸多不滿，這些不滿似乎可以帶來「生物耕作」的新視野。

這些現象中最重要的或許是一種新跡象的出現：磅數或噸數並非衡量農產品營養價值的標準，來自肥沃土壤的產品，無論是質量和數量可能都更優異。我們可以在耗盡肥力的土壤上施肥來增加產量，但是未必能增加其營養價值。這種觀念可能會引來太多的歧見，因此，我把解釋工作留給更有能力進行說明的人。

不滿農業現狀的人標榜「有機耕作」，雖然存在一些對有機產品的盲目崇拜，但是他們強調土壤上那些動植物群的重要性，在思路上是符合生態學的。

農業的生態基礎和土地利用的其他領域一樣，很少為大眾所了解。就連受過教育的人也幾乎都不知道，過去幾十年裡，技術上的驚人進步只是改善抽水設備，而不是保護水源。技術幾乎無法彌補土壤所失去的養分。

在所有這些分歧中，我們可以看到若干基本矛盾反覆出現：作為征服者的人類，與隸屬生物群的人類；用以磨利人類武器的科學，與用以探索宇宙的科學；作為奴僕的土地，與作為有機整體的土地。在這緊要關頭，羅賓遜[41]對特里斯特拉姆的告誡，同樣適用於在地質時代中被稱「智人」的人類：

41　羅賓遜（Edwin Arlington Rbinson, 1869-1935），美國詩人，此處所引詩句出自長篇敘事詩《特里斯特拉姆》（*Tristram*），該作品曾獲普利茲獎。

不論願意與否，你都是君王，因為你，特里斯特拉姆，
是經過時間考驗的少數人之一，
這些人離去前都改變了世界的面目。
想想你將給世界留下什麼。

展望

我認為，如果沒有對土地的熱愛、尊重和讚賞，或者不高度重視土地的價值，那麼人和土地間的倫理關係就不可能存在。當然，我所說的價值遠比單純的經濟價值寬廣，我指的是哲學意義上的價值。

阻礙土地倫理發展的最大障礙或許就是：我們的教育和經濟體系正在背離土地意識。許多媒介和無數的物質設備使現代人與土地分離，不再有生死相依的關係。對現代人來說，土地是城市和城市之間生長著農作物的地方。如果讓他悠閒過一天，卻是在沒有高爾夫球場或風景區的土地上，他們就會無聊透頂。如果農作物可以在水耕營養液中而非土地上栽培出來，他們會覺得很理想。對他們來說，人造的仿製品完全可以替代木材、真皮、羊毛和其他天然的土地產物。

總之，他們認為土地已經「過時」而不適用了。

土地倫理另一個幾乎同樣嚴重的阻礙，就是農人的態度，因為農人仍把土地視為敵人或奴役

他的工頭。從理論上看，農業機械化應該能發揮減輕農民負擔的作用，但是實情如何還有待探討。

若想從生態學的角度認識土地，必要條件之一就是要懂得生態學，但生態學無法和教育並行。實際上，高等教育似乎往往有意迴避生態的概念。對生態學的理解不一定來自於被稱為生態學的課程，也可能是地理學、植物學、農學、歷史或經濟學等。事情本該如此，然而，不論是什麼名稱的課程，有關生態知識的培訓都是欠缺的。

倘若沒有少數人堂而皇之地反對「現代化」潮流，土地倫理規範的情況似乎毫無希望。

要使土地倫理規範順利迅速地發展，必須做到的關鍵就是，不要把正當的土地使用純粹視為經濟問題。除了從經濟利益來考慮外，還要從倫理和美學的正確性來考慮所有的問題。一件事情如果有助於維護生物群的完整、穩定和美感，就是正確的，否則就是錯誤的。

不言而喻，可運用的經費限制了我們所能為土地做的事，過去如此，將來亦然。經濟決定論者認為，經濟決定一切土地的使用，這顯然是謬誤，我們必須擯棄這一長久制約我們的謬論。無數的行動和態度，或許包括土地的全部關係，都是由土地使用者的品味和喜好所決定的，而不是由他們的錢包決定的。許多土地關係都取決於投入的時間、遠見、技能和信心，而不是金錢的投資。土地使用者持有什麼觀念，他就是什麼樣的人。

我特意把土地倫理刻畫成社會演化的產物，因為像倫理規範這樣重要的東西，從來不是「寫」出來的。只有最淺薄的歷史學生，才會以為十誡是摩西寫的。十誡原本就是群體思考的結果，摩西只不過是為某次「研討」寫下了暫時使用的摘要。我說「暫時」，是因為演化發展不會停止。

土地倫理規範的發展過程既有理性也有感性。良好的意圖為自然資源保護鋪築道路，結果可能卻是勞而無功，甚至帶來危險，原因就在於沒有批判性地了解土地或認識土地使用中的經濟導向。我認為，當倫理的疆界從個體擴展到群體時，理性的內涵就隨之增加了。

任何一種倫理都有相同的運作機制，即社會對正確行為的認可，以及社會對錯誤行為的指責。

大體說來，我們目前面對的是態度和做法的問題。我們使用挖土機改建阿罕布拉宮殿，並為我們的進展感到驕傲。挖土機這種工具畢竟有許多優點，讓我們很難放棄，但我們需要更和緩與更客觀的標準，來判斷使用它的得失利弊。

荒野

Wilderness

荒野是人類用以打造文明這一產品的原料。

荒野從來不是純一均質的原料。它極其多樣，因此生產出的人工製品也是各式各樣，而製成品的差異就是人們所說的文化。異彩紛呈的世界文化反映出，生成這些文化的荒野是同樣的多姿多彩。

有史以來，人類首次面臨兩種緊迫的變化。其一，荒野即將從地球上適宜人類居住的區域消失；其二，現代交通和工業化將帶來世界性的文化雜合。二者無法避免，或許也不應避免。然而問題是，我們對即將發生的變化能否稍作改變，從而保留某些即將喪失的價值？

對於正在揮汗勞作的人來說，鐵砧上的原料就是等待征服的對手。同樣，對於拓荒者而言，荒野也是對手。

然而，對於休息之餘，能夠暫時用哲學家的眼光看世界的勞動者來說，這待加工的原料給勞動者的生命賦予了內涵和意義，因此值得他喜愛和珍視。所以，這裡完全是個懇求：請將最後殘存的荒野像博物館展品一樣保存下來。總有一天，那些希望感受或研究自身文化傳統根源的人，將會從殘存的荒野中得到啟迪。

殘存的荒野

今日的美國是在形形色色的荒野中開創出來的，但是這些荒野地區大多已經消失。因此，在任何實際的規劃中，要保留的殘存荒野在規模與程度上必然有極大差異。

沒有誰能再看到長著高草的大草原，儘管那草原的花海曾輕撫拓荒者的馬蹬。如果我們還能在各個地方找到四十英畝大的地，讓草原植物在那裡保留下來，也就該知足了。這類植物曾有上百種之多，許多都美麗絕倫，不過土地所有者對它們大多一無所知。

短草平原倒還保留了一些。卡比薩·德·瓦加[42]曾在短草平原上從野牛肚皮下遠眺地平線，如今那裡雖已受到牛羊和旱田耕作的嚴重破壞，仍在約有上萬英畝土地的地方殘留下來幾處。如果州議會大廈可以在牆上銘文紀念一八四九年到加州淘金的人，那麼淘金者大舉遷徙的景象，是否也值得在幾處國家大草原保護區裡留下紀念呢？

42 卡比薩·德·瓦加(cabeza de vaca, 1500-1564)，文藝復興時期的西班牙探險家，曾前往美國佛羅里達遠航探險，足跡遍佈今天美國南部地區持續約九年時間。

沒有誰能再看到五大湖之州的原始松林、海岸平原的低窪林地或巨大的硬木林。現在，每種林地只要能有幾英畝作樣本，我們也就該知足了。不過，還有幾片上千英畝大小的楓樹和鐵杉林，還有阿帕拉契山的硬木林、南方的硬木林澤和柏樹林澤，以及阿迪龍達克山脈的雲杉林。但是殘餘的荒野很少能逃避開今後的砍伐，更難避開建設觀光道路所帶來的破壞。

退縮最迅速的荒野就是沿岸地區。房舍和觀光道路幾乎已經毀掉了太平洋和大西洋的海岸線，而蘇必略湖正失去五大湖區未開發湖岸線的最後一大部分。再沒有其他類型的荒野會像沿岸地區這樣與歷史交織在一起，也沒有其他類型的荒野比沿岸地區更接近完全消失的邊緣。

在洛磯山脈以東的所有北美地區，只有一處較廣闊的地域作為野地保護區正式保留下來，即位於明尼蘇達和安大略的奎提科——蘇必略公園。河流和湖泊鑲嵌在這廣闊壯美的獨木舟地區，它大半位於加拿大，面積大小也是由加拿大決定的。但是它的完整性最近受到了兩方面的威脅：其一是由水上飛機提供服務的釣魚區不斷發展；其二是關於管轄權的爭論，即位於明尼蘇達州那部分的森林應該完全屬於國家，還是部分歸該州所有？整個地區都面臨蓄水發電的危險。荒野支持者之間的爭議與失和令人惋惜，因為這最終可能導致權力落入當權者之手。

在洛磯山脈縱貫的各州，數十處國家森林被保留為荒野，並且禁止修建道路和旅館，也不允許有其他不利的用途。荒野的面積從十萬英畝到五十萬英畝大小不等。至於國家公園，也認同上面的原則，但還沒有明確劃定保護界限。這些聯邦屬地都是荒野保護規劃的重點，但還達不到如紙上記錄中那樣讓人相信的可靠程度。當地對新建旅遊道路的需求，使野地這裡缺一塊，那裡少一片。為了控制林火，道路也不斷延伸，最後逐漸形成公路。閒散的資源保護隊，鼓勵人們修建新的但往往沒用處的道路。戰爭期間的木材短缺，必然使許多道路為了軍事需要而擴建，不論合法與否。目前，許多山區正在大舉興建滑雪索道和旅館，絲毫不管這些地區之前已被指定為荒野保護區。

侵占野地的最陰險的手段之一，就是控制肉食動物。具體做法是，為了管理大型獵物而除掉荒野裡的狼和獅子。之後，大型獵物（通常是鹿或赤鹿）迅速繁衍，幾乎啃光所有的草木，這樣就必須鼓勵獵人去捕捉過剩的獵物。然而，現代的獵人不願涉足汽車到不了的地方，因此就必須修路通往捕獵的場所。野地不斷被道路分割，而且這種情況會繼續下去。

洛磯山的荒野地區包括多種森林，從西南方的圓柏到奧勒岡「無邊無際綿延起伏的森林」。不過由於人們不成熟的美學觀，對風景的定義還僅僅侷限在湖泊和松樹上，因而沙漠迄今尚未被視作是荒野。

在加拿大和阿拉斯加，仍然有廣闊的處女地：

在那裡，無名的人沿著無名的河流遊蕩，在陌生的山谷獨自面對莫測的死亡。

這一系列具有代表性的荒野之地可以而且應該要被保存下來，儘管許多地區缺少經濟價值，甚至對經濟價值有負面影響。當然會有人主張，沒必要為這一目標刻意制定規劃，最終總會有足夠的荒野存留下來。但是，近來的歷史全都可證明，這一令人安心的假設是不會實現的。就算野地能夠保存下來，野地上的動物群呢？很多動物目前已經面臨滅絕的危險，包括北美叢林馴鹿、幾種大角羊、純種的森林野牛、荒地灰熊、淡水海豹和鯨魚。失去了獨特的動物群，荒野的存在又有什麼意義呢？一些組織和開發團體正在積極謀劃北極荒地的工業化，更龐大的計劃也在運作之中。極北地區的荒野目前尚無正式的保護措施，儘管仍然廣袤，但面積已經開始縮小。

無人知曉，加拿大和阿拉斯加是否能夠了解並把握住自己的機會。然而任何想要保護荒野的努力，通常都會招致拓荒者的嘲弄與訕笑。

供休閒的荒野

人類為生存而進行的搏鬥，在無數個世紀以來一直是經濟行為。這類搏鬥消失時，合理的本能促使我們用體育活動和競賽的形式將之保留下來。

人和動物之間的搏鬥也是一種經濟行為。這種搏鬥如今已在狩獵和釣魚這些消遣活動中保留下來。

公有的荒野區域首先是以休閒形式保存下來，用來進行較陽剛、原始的拓荒旅行和野外求生。這些技能有的已被推廣，具體內容在調整後已然適應美國的情況，但技能本身是世界通行的，例如打獵、釣魚和徒步旅行。

不過有兩種技能就像山核桃樹一樣，為美國所獨享。其他地方也有人模仿，但它們只有在美國大陸才能充分發展並臻於完美。一是獨木舟旅行，一是馬隊旅行。不過二者都已沒落。如今，哈德遜灣的印第安人有了小汽船，登山者有了福特車。假如我是依靠獨木舟或馱馬維持生計的人，大概也會接受取代辛苦勞動的汽船和汽車。然而，為了消遣而到野外旅行的人，如果發現自己不得不和機器競爭，只會倍感沮喪。在眾多汽艇的包圍下扛著獨木舟上岸未免愚蠢，在一間夏日旅館的草地上放馬吃草未免滑稽，此時還不如待在家裡。

荒野地區首先為野外旅行的原始藝術提供了庇護所——特別是獨木舟和馬隊旅行。

有人會爭辯是否需要保留這些原始藝術。我不想進行辯論。對於這些原始藝術，你若非清楚地了解，就是已經垂垂老矣。

歐洲人的狩獵和釣魚活動則不同，他們通常缺少美國在荒野地區保存下來的東西。歐洲人會儘量避免在林中宿營、做飯或完成自己的工作。他們把瑣碎的事情交給趕獵物的人和僕人，伴隨打獵的是野餐的氛圍，而不是荒野情趣。技巧的衡量標準是以實際捕到的獵物或魚而定。

有人指責野外活動「不民主」，因為和高爾夫球場或旅遊營地相比，荒野所能承載的消遣活動很有限。這種論調的基本謬誤，就是把適於大規模生產的哲學應用到了旨在反對大規模生產的事物上。休閒的價值不能用數字表示。休閒在價值上應和體驗的強度成正比，也應和異於日常生活的程度成正比。這樣看來，依賴機械的休閒活動充其量是淡然無味地消磨時間。

機械化的消遣娛樂已經占據了十分之九的山林。為了表示對少數派起碼的尊重，那剩餘的十分之一應該獻給荒野。

為科學所用的荒野

有機體最重要的特徵就是保持健康，亦即內部的自我恢復與更新的能力。

兩種有機體的自我更新過程會受到人類的干預和控制，一是人類自身（透過醫藥和公共衛生政策），一是土地（透過農業和自然資源保護）。

人類控制土地健康的努力目前還不太有成效。眾所周知，如果土壤不再肥沃，或者流失的速度超過形成的速度，或者出現不正常的洪水或乾旱，那麼土地就生病了。

人們同樣也看到了其他方面的失常，卻未將之視為土地生病的癥狀。某些動植物不明原因地消失了，儘管人們已努力保護；某些害蟲突然成災，儘管人們已努力控制。我們對這些現象無法作出簡單解釋，因此必須視之為土地有機體生病的癥狀。它們發生得太頻繁了，我們無法將之歸為正常的演化過程。

我們對土地病癥主要採取了局部性的處理方法，這反映出我們對問題的認識只是片面。土壤不再肥沃時我們就施加肥料，或是頂多改變所種植物和所養動物的品種。我們從未想過，構建土壤的野生動植物對於保護土壤可能同樣重要。例如，人們最近驚訝地發現，菸草的收成取決於土壤此前是否生長過野生豬草。這種出乎意料的依存關係可能普遍存在於自然界中，卻從未進入我們的想法中。

草原土撥鼠、地松鼠或小鼠增殖成災時，我們就把牠們毒死，而不會尋找引起牠們數量激增的外部原因。人們簡單地認為：動物造成的麻煩都要歸因於動物。儘管最新的科學證據指出，植物群失衡是囓齒動物成災的真正原因，但是幾乎沒有人沿著這一思路追尋下去。

在許多人工林裡，原本生長著三、四棵樹的地方，現在只能存活一、兩棵樹。原因何在？有思考能力的林務官知道，原因或許不在於樹本身，而在於土壤的微植物群，與破壞所需的時間相比，恢復土壤植物群需要更多的年月。

自然資源保護的許多處理方式顯然是表面化的。控制洪水的水壩和引發洪水的原因無關；構建堤防和梯田並未觸及土壤侵蝕的原因；維持獵物和魚類供應的保護區和養殖場，沒有解釋它們自身為何無法提供足夠的數量供給。

總之，種種跡象表明，土地和人體一樣，病癥雖發生在某個器官，但病因可能在於另一個器官。被稱為自然資源保護的措施，在很大程度上只是局部緩解生物體的疼痛。這些措施有必要存在，但是不等於真正的治療。我們在積極推行土地治療術，然而有關土地健康的科學尚未產生。

土地健康學首先需要的是土地常態的基本資料，那是土地這個有機體健康運作的狀況。

我們有兩個範例可以參考。一是東北歐，儘管人類已在此居住了許多個世紀，這裡的土地機能仍然大體保持正常。據我所知，這是世上唯一能做到這點的地區，因此必然會吸引我們加以研究。

還有一個完美範例，就是荒野本身。古生物學以充分的證據說明了荒野自給自足地存在了相當悠長的歲月，物種很少滅絕，也不會失控，天氣和水構建土壤的速度與侵蝕土壤的速度相仿或更快。因此，荒野作為研究土地健康的實驗室，具有出人意料的重要性。

蒙大拿州的生理機能無法在亞馬遜河流域加以研究。每個生物區都需要自己的荒野，供人們對使用過和未使用過的土地進行比較研究。當然，現在要挽救荒野研究區之外的失衡部分，已經是太遲了，而且殘留的荒野太小，已經不能保持各方面的常態。就連那些占地一百萬英畝的國家公園都不夠大，無法保護當地的肉食動物或消除家畜帶來的動物疾病。於是，黃石公園失去了狼和美洲獅，導致赤鹿正在毀滅那裡的植物群，尤其是冬日的植被。與此同時，疾病也造成棕熊和大角羊的數量縮減。

儘管面積最大的荒野地區也出現了部分紊亂。但是生態學研究者韋弗僅需幾英畝的野地就能發現，為什麼草原植物群比取代它們的農作物耐旱。韋弗發現：草原植物在地下進行「團隊合作」，用根系覆蓋土壤各層，農業輪作的植物則把根系過於集中在某一層土壤而忽略其他各層，漸漸就會缺水。從韋弗的研究中產生了重要的農業原則。

研究者托格瑞迪亞克也只需幾英畝的野地就能發現，長在田地裡的松樹永遠不會像未開發的森林土壤上的松樹那樣高大或不怕風吹，因為後者的根是沿著老根的路線扎下去的，因而能扎得更深。

通常，如果不把荒野和患病的土地進行對照，我們確實很難知道健康的土地有多麼良好的表現。大多數早期在西南部旅行過的人都說山中的河流本來非常清澈，但別人仍然懷疑，他們是否只是偶然在最好的季節看到了這些河流。防治土壤侵蝕的工程師一直沒有基本數據，直至有人在墨西哥契瓦瓦地區的馬德雷山發現了這樣的河流。由於害怕印第安人，這一地區一直沒人放牧或做其他事情，河水在最混濁的時候也只是略帶乳白色，完全能看清拋下的鱒魚魚餌。河流沿岸的水邊長著青苔，而亞利桑那州和新墨西哥州的這類河流大多數布滿礫石，不長苔蘚，旁邊沒有土壤也不長樹木。一項值得考慮的睦鄰合作就是，藉著建立跨國性的實驗站來保護和研究馬德雷山的荒野，並以此作為治療美墨邊界兩邊土地的典範。

總之，現有的荒野地區不論大小，都可以成為土地科學研究標準價值。為人提供休閒並非荒野的唯一用途，甚至也不是主要用途。

野生動植物的荒野

國家公園不足以保護大型掠食動物的生存繁衍。看看大灰熊的瀕危程度和已經沒有狼的國家公園吧。同樣，國家公園也不足以保護大角羊，大多數羊群的數量都在縮減。

出現這種情況的原因在某些例子中很清楚，在其他例子中則是模糊的。對於像狼這類活動空間廣闊的動物來說，國家公園當然太小了。

由於尚不清楚的緣由，很多動物似乎無法在孤立的情況下繁殖興盛起來。

國家公園周圍往往是比較原始的國有森林，讓這些森林也成為瀕危動物的保護區，似乎是擴大野生動物生存空間最可行的辦法。但是，這些區域一直沒有發揮這個作用，灰熊的情況就是悲劇性的證明。

我在一九〇九年第一次來到西部時，在每個主要的山區都能看到灰熊，但是連續旅行幾個月，可能連一個自然資源保護部門的人都看不到；而現在，「每叢灌木後」都有某個自然資源保護機構的人。這些機構不斷增加，灰熊這種最雄健的哺乳動物，卻漸漸撤往美加邊境。據官方報導：美國境內還有六千隻灰熊，其中五千隻在阿拉斯加，有灰熊的州只剩下五個。人們或許有不言而喻的想法：只要灰熊能在加拿大和阿拉斯加存活下來就很好了。但我不這樣認為，阿拉斯加的熊是獨特的物種，把灰熊放逐到阿拉斯加就像把幸福逐回天堂，那可能是我們今生永遠無法到達的地方。

拯救灰熊需要大片遠離道路和家畜的地區，或是家畜造成的損害已經得到彌補的地區。創建這類地區的唯一途徑，就是買下分散的家畜牧場。但是，儘管有很大權力購買或交換土地，保護部門在這方面卻幾乎毫無成就。林業部在蒙大拿州設立了一個灰熊養護區，然而又在猶他州的山區牧場鼓勵養羊業，全然不顧這個地區棲息著該州僅存的灰熊。

永久的灰熊保護區和永久的荒野地區當然是同一問題的不同名稱。要對其投入熱忱，就必然需要自然資源保護的遠見和歷史的洞察力。只有能看到演化盛景的人，才有可能珍惜荒野和灰態，因為荒野是演化的舞台，而灰熊是演化的傑出成就。然而，假如我們的教育真能發揮作用，就會有越來越多的人懂得，為新的西部賦予意義與價值的，正是古老西部的遺物。將來的年輕人會像探險家路易士和克拉克一樣在密蘇里河上揚帆航行，或者和詹姆斯．卡彭．亞當斯一樣登上內華達山。每一代人都會發問：白色的大熊在哪裡？如果我們回答，牠們在自然資源保護論者還沒有留意時就消失了，那將是多麼令人扼腕嘆息的答案。

荒野的捍衛者

荒野這種自然資源只會縮小不會擴大。人們可以阻擋或減緩對荒野的侵犯，使之成為休閒消遣、科學研究或保護野生動物的場所，但是就其完整意義而言，產生新的荒野是不可能的。

所以，任何一個荒野計畫都是守護行動，希望盡量減少荒野的衰退。一九三五年成立的荒野協會[43]「旨在拯救美國殘存的荒野」。塞拉俱樂部[44]也在為了這一目標而努力。

然而，僅僅有少數幾個團體的努力是不夠的，我們也不能只因為國會制定了一項荒野保護的法案就心滿意足。除非所有的資源保護部門都有人在關心荒野，否則，這些團體可能總要錯過採

43　荒野協會（Wilderness Society）是李奧帕德和幾位朋友於一九三五年成立的非營利組織，旨在保護美國的自然野地。

44　塞拉俱樂部（Sierra Club），或譯為「塞拉山友會」、「山嶽協會」，是美國著名的環境組織，由環保主義者約翰．繆爾（John Muir）於一八九二年在加利福尼亞創辦，擁有上百萬會員。

取行動的時機後，才知道已經發生了新的侵害。同時，少數具有荒野思想的公民，必須在各地密切觀察，保持警覺，在需要時勇敢地行動。

在歐洲，荒野已經退縮到喀爾巴阡山和西伯利亞，每個頭腦清醒的保護論者都會為之嘆惋。在英國，土地可算是一種奢侈品，能保留的土地比其他任何文明國家都少，但是那裡也在積極開展一項遲來的活動，目的是拯救若干的半荒野地區。

能否看出荒野的文化價值，歸根究底在於人類思想上的謙卑態度。膚淺無知、不再植根於土地的現代人，自以為已經發現了重要的東西，空談著自認可以延續千年的政治或經濟帝國。而只有真正的學者才明白，歷史是由從單一起點展開的連續旅程構成的，人類一次次回到這出發點，由此再次上路，尋求另一套永恒的價值觀。只有真正的學者才知道，為什麼原始的荒野能夠賦予人類進取精神更多的內涵與意義。

Conservation Esthetic

自然環境保護美學

除了愛情和戰爭，很少有其他活動可與被稱為戶外休閒的嗜好相比。它可以無拘無束地進行，可以有各類參與者，或混合著利己欲望與利他主義的矛盾。人們通常都認為回歸大自然對人有益。但益處究竟在哪裡？要做些什麼才能鼓勵人們追求這一目標？這些問題的答案五花八門，只有毫無思考批判能力的人，才不會發覺其中的問題。

休閒娛樂在老羅斯福的時代成為一個獨立的問題，當時，把鄉野逐出城市的鐵路，又開始把城市居民帶到鄉間。人們也開始注意到，離開城市的人越多，每個人能享有的寧靜、幽寂、野生動植物和風景就越少，為此要走的路也越來越遠。

這種尷尬情況的發展最初是緩慢的、局部的，汽車的增加則使問題隨之不斷擴展，直到公路所能延伸的最遠處，當年曾經遍布於偏遠未開拓之地的事物隨之變得稀缺。但人們仍然需要這些事物。周末度假的人就像噴發的太陽離子一樣湧出每個城鎮，一路產生著熱潮和摩擦。旅遊業提供食宿，從而更快、更遠地吸引更多離子似的遊客。關於岩石和小溪的廣告指示人們，在最近才遭蹂躪的地方之外，哪裡還有新的世外桃源、優美風景、獵場與垂釣之處。當局把道路延伸到更偏遠的地區，然後買下更多的偏遠地區，讓更多的人沿著道路加速湧入。製造業生產的新機械衝擊著原始的大自然，荒野求生技巧成為使用機械的技巧。最庸俗的莫過於旅行拖車。有些人在森林和山中尋找的，只是從旅遊或打高爾夫球之中就能得到的東西，對這些人來說，目前的情況可以接受。但對於想尋求更多東西的人來說，休閒娛樂成了一無所獲的自我毀滅過程，成了工業化社會的重大失敗。

乘車而來的遊客干擾破壞了荒野，這並非地區性現象。哈德遜灣、阿拉斯加、墨西哥和南非都在退讓，之後就是南美洲和西伯利亞。摩霍克河畔印第安人的擊鼓聲，已被世界各地河畔的汽車喇叭聲取代。人類不再漫步於葡萄藤或無花果樹下。他們在汽車油箱中裝入無數生物轉化貯存而來的動力，在漫長的歲月裡，永遠渴望前往新的牧場。他們像螞蟻一樣擠滿了各大洲。

這就是戶外娛樂，最新的模式。

如今誰在從事這些活動？從中追尋的是什麼？幾個例子可以帶給我們答案。

首先，看看任意一處鴨子棲息的沼澤。成排停放的車輛把它團團包圍，蘆葦茂密的沼澤邊，每個狩獵點都蹲伏著所謂的社會棟樑。自動槍已上膛，扣住扳機的手指隨時準備著突破政府和公益的限令把鴨子打死。這些人已飽食終日，卻仍然貪婪地向上帝索取肉食。

在附近樹林裡漫遊著另一個棟樑，他正在尋找罕見的蕨類或新的鷲鳥。這不需要竊取或劫掠，因此他鄙視那些獵殺者。不過他年輕時八成也是個動物殺手。

在附近某個度假勝地還有另一類「熱愛自然的人」，他們在樺樹皮上寫下拙劣的詩句。到處都是駕車旅遊者，這些非專業人士以累積里程為消遣，在一個夏天就可以跑遍所有的國家公園。現在他們正向南挺進，直奔墨西哥城。

最後是那些專業人士，他們藉著無數自然資源保護組織的旗號，為尋覓大自然的民眾提供所需要的事物，或者促使公眾對他們能提供的事物產生需要。

有人或許會問，為何要把這些千差萬別的人都歸入同一類型？因為，他們每個人都在以自己的方式做一個獵人。然而，他們又為何都自稱是自然資源保護者呢？因為要獵捕的東西在其掌握之外，他們希望能借助某種巫術般的法令、撥款、區域規劃、部門重組或其他符合大眾意願的形式，把這些獵捕對象留在原地供人消遣。

休閒娛樂通常被列為經濟資源。參議院委員會用真切的數字告訴我們，大眾在這方面花的錢是多麼可觀。休閒娛樂確實有經濟性的一面。一間可垂釣的湖畔小屋，甚至沼地上的一個獵鴨點，其價錢可能相當於附近的整個農場。

休閒娛樂也有倫理準則。在尋找未遭破壞之地的過程中，形成了相關規則和戒律。我們都聽說過戶外注意事項；我們教育年輕人；我們印製《戶外運動概念》之類的小冊子，誰願意為該理念的宣傳付一美元，我們就把小冊子掛在誰的牆上。

然而事實上，這些經濟和倫理的表現，只是原動力的結果而非原因。我們想接觸大自然，因為我們從中找到樂趣。這就如同歌劇表演的情況，經濟機制的用途是創造和維護表演設備與技巧效果，專業人員也以此維生，然而，不能說二者的基本動因或存在理由是經濟性的。埋伏的獵鴨人和舞台上的演唱者裝束迥異，但都在做同一類事情，都在以自己的行動重現日常生活中所固有的戲劇場面。二者歸根究底都是美學實踐。

有關戶外休閒的公共政策引起了爭議。對於這種活動的定義以及如何維護其資源基礎，同樣認真盡責的公民們可能看法迥異。荒野協會試圖禁止修建通向偏遠地區的道路，而商會則想延伸這些道路，二者都以休閒為名。動物飼養者用獵槍殺死鷹，愛鳥人拿著望遠鏡保護鷹，前者是為了狩獵，後者是為了觀察鳥類。兩派人經常互相辱罵詆毀，但他們實際上只是在考慮休閒過程中的不同組成部分。這些部分的特點或性質有很大差異，一個既定的政策可能適用某個部分，然而卻背離另一個部分。

所以說，現在這個時候，我們似乎應該分離這些組成部分，並重新審視每一種獨特部分的特點或性質。

讓我們從最簡單、最明顯的戶外休閒組成部分著手，即戶外活動者可能會搜尋、發現、捕捉並帶走的東西。屬於這一類的，是獵物和魚等產自野地的東西，以及鹿角、獸皮、照片和標本之類的收獲象徵或紀念。

這一切都是「戰利品」的概念。它們帶給我們的快樂在於或應該在於尋找與獲得的過程。戰利品是份證明，不論那是一顆鳥蛋、一堆鱸魚、一桶蘑菇，還是一張熊的照片、一朵野花的標本或一張塞進山頂石堆的字條。它證明其擁有者曾到過某個地方做過某件事情，曾在征服、智勝或占有等古老戰績中運用了技巧、毅力和鑑別力。戰利品所具有的這些內涵品質，往往遠遠勝過它們的物質價值。

但是，戰利品對於數量的追求具有不同的反應。繁殖或管理可以增加獵物和魚的產量，讓單一獵人收獲更多，或讓更多的獵人收獲同樣多的數量。過去十年裡出現了野生動物管理的行業，一些大學甚至開課講授專業技巧，並且研究如何得到更多、更好的野生動物。但是，這種增加產量的做法如果推行過度，就會受制於報酬遞減律。集約型的獵物或魚類管理使之人工化，從而降低了戰利品的單位價值。

比如說，我們可以把養殖場裡養大的一條鱒魚放入過度捕撈後的溪流。溪流裡已經沒有野生鱒魚了。溪水遭到了污染。由於濫砍濫伐和粗暴對待，溪流被淤泥堵塞，或者溫度升高。沒有人會說，這條鱒魚的價值等同於從高高的洛磯山上某條天然溪流裡捕獲的野鱒魚。儘管捕捉這條人工飼養的鱒魚也需要技巧，但牠的美學價值要低得多（某個專家則說，鱒魚的肝在孵化飼養後會退化，因此可能會早夭）。不過現在，幾個捕撈過度的州，幾乎完全依靠人工飼養的鱒魚。

人工飼養有不同的程度，但是人工產品的密集使用，可能會把全部自然資源保護技巧推向人工化，從而降低了所有戰利品的價值。

為了保護這昂貴且無助的養殖鱒魚，自然資源保護委員會認為需要殺死所有光顧養殖場的鷺鳥和燕鷗，以及放養鱒魚的溪流裡的所有秋沙鴨和水獺，似乎這是不得不採取的行動。對於犧牲一種野生動物以換取另一種野生動物，釣魚的人或許覺得沒什麼損失，但是鳥類學者憤慨不已。實際上，這種人工化的管理，是以另外一種或許更高級的休閒娛樂為代價來購買捕魚權，是拿所有人的股本付紅利給一個人。這種生物學上的商業冒險活動在獵物管理界盛行。在歐洲保存著從前很長時間之內的獵物捕獲量的統計資料，我們甚至可以從中找到獵物和肉食動物的「兌換率」。例如，在德國的薩克森，每捕獲七隻鳥就等於殺死一隻鷹，每捕獲三隻小型獵物就等於殺死一隻掠食動物。

人工化的動物管理通常會引發對植物的損害，例如鹿對森林的傷害。這發生在德國北方、美國賓夕法尼亞東北部、凱巴布高原，以及其他許多不太出名的地區。鹿在失去天敵後過度繁衍，牠們所食用的植物則難以繼續存活或繁殖。處於人工管理下的鹿威脅了植物的生存，這些植物包括歐洲的山毛櫸、楓樹和紅豆杉，美國東部各州的平地鐵杉和側柏，西部的短葉紫杉和峭壁玫瑰。從野花到林木，組成植物群的所有成員都漸漸枯竭，而鹿也因此營養不良又瘦又小。雄鹿的角曾經裝飾過封建城堡的牆壁，但是在今天的樹林裡，已經沒有長著那種美麗鹿角的鹿了。

在英國的石南灌叢荒野，人們在繁殖鷓鴣和雉雞以供捕獵的過程中，過度保護了兔子，因此新的樹木難以生長；在許多熱帶島嶼，為了食肉和狩獵而引入的山羊，毀掉了當地的植物群和動物群。人們很難估計，失去天敵的哺乳動物和失去天然食用植物的牧場之間，發生了什麼樣的互相傷害。農作物陷入了不當生態管理造成的上下夾攻，只有依靠無止境的賠償和帶刺的鐵絲網來彌補。

於是我們可以概括說，過多的數量降低了獵物和魚等生物戰利品的價值，並對其他資源造成傷害，包括其他動物、天然植被和農作物。

這種貶值和損害，在照片這種間接獲取的戰利品上較不明顯。廣泛地說，即使每天都有一群遊客對著一處風景拍照，或者一處風景被拍過很多照片，風景本身仍不會因拍照受到實質傷害。相機工業是依附荒野存在的少數無害領域之一。

因此，我們對這兩類被作為戰利品而大量追求的物品，具有迥異的反應。

現在，我們考慮一下休閒娛樂的更為微妙複雜的成分：在大自然中獨處時的感受。有關荒野的爭論可以證明，這是受到一些人高度重視的稀有價值。官方定義下的荒野地區是沒有道路的，道路只延伸到荒野的邊緣。於是，荒野被宣傳為無與倫比，而它們也的確如此。然而，小徑很快就擠滿了人，坐飛機來的人也不少，突發的大火，或許會使該地區被運送消防隊員的道路分成兩半。廣告宣傳造成遊客湧入，也有可能促使導遊和行李運輸行業藉機漲價，讓人發現荒野政策並不民主。對於把偏遠地區正式劃歸荒野的新奇做法，當地商會最初只是觀望，但在從遊客帶來的利益中嘗到甜頭後，就只想賺更多的錢，而不在乎此地是否還是荒野。來自人類的壓力日增，隨之而來的吉普車和飛機，就這樣消除了人們在大自然中享受孤獨的機會。

簡言之，廣告和促銷之風使荒野地區越來越少，任何想阻止荒野範圍進一步縮減的努力都頹然退場。

無需更多討論，事實已很清楚。人們蜂擁而上，只會直接減少在大自然中悠然獨處的機會。就此而言，當我們把道路、營地、小徑和廁所稱為娛樂資源的發展時，就已經犯了一個錯誤。這類容納人群的設施沒有創建或發展任何東西。相反，修建這些設施就像往已經很稀的湯裡注水。

現在我們把在大自然中享受孤獨的成分，與我們所說的「呼吸新鮮空氣和轉換環境」的成分進行一下對照。這種成分很簡單但是很獨特，對此的追求不會破壞或沖淡其價值。喧嚷著走進國家公園大門的第一千個遊客和第一個遊客，他們呼吸的空氣幾乎相同，得到的體驗也同樣異於星期一在辦公室的感受。我們甚至可以認為，一大群人向戶外「進攻」的活動，加強了這一對比。因此我們可以說，與照片這項戰利品一樣，新鮮空氣和轉換環境這一成分，可以不受傷害地承受人類的蜂擁追求。

我們再來談另一種成分：對自然過程的感知。土地和土地上的生物透過自然的過程，獲得了獨特形式，並以此繼續存在下去。前者就是演化，後者就是生態。被稱為「自然研究」的東西儘管艱澀，卻構成了大眾對感知自然的初步探索。

感知的突出特徵是，它不會消耗或削弱任何資源。例如，有人把鷹撲向目標視為演化戲碼的一幕。另一個人卻只認為這是對他煎鍋內的食物的威脅。被視為一齣戲劇的這一景象，可能會讓一百個目擊者感到興奮；被視為威脅的這一景象，只會讓舉起獵槍把鷹打死的那個人興奮。

唯有增進感知，才是戶外休閒工程中真正具有創造性的部分。

這是重要的事實，但它在「改善生活」方面的潛力尚未得到清晰的了解。拓荒者丹尼爾·布恩進入森林和大草原的「黑暗而血腥之地」時，所擁有的正是「戶外美國」的本質。他並未提到「戶外」一詞，但他所發現的正是我們現在所追尋的，而且我們在此談論的是事物，而非如何命名。

不過，休閒娛樂並非特指戶外活動，而是我們對戶外的反應。丹尼爾・布恩的反應不僅取決於他所看到的事物的本質，也取決於他用心靈之眼觀看這些事物的素養。生態學讓我們的心靈之眼發生了改變。當年布恩只是看到了事實，生態學則揭示了事實的起源和功能；當年布恩只是看到了某些屬性，生態學則發現了其中的機制。我們沒有對這項改變加以衡量的具體標準，但我們可以有把握地說，與當今能勝任的生態學家相比，布恩只是看到了事物的表象。對於動植物群落不可思議的複雜性，對於當時正值青春花季的美國，對於美國這一有機體的本質之美，布恩和今天的巴比特一樣，既看不到也不了解。美國人的感知能力的發展，才是美國休閒資源唯一真正的發展。其他所有冠以發展之名的行動，至多是延緩或遮掩稀釋的過程。

我們不能貿然斷定，認為巴比特必須拿到生態學博士學位才能看清他的國家。一個擁有博士學位的人可能和承辦喪事的人一樣，對他所面對的神祕世界麻木冷漠。和所有真正的心靈珍寶一樣，感知可被分為無限微小的部分而不失其本質。城市裡的一塊野草地與森林裡的紅杉傳遞著相同的信息。但是農夫在牧場看到的事物，在南太平洋考察的科學家可能無法感受到。總之，我們無法用學位或金錢換得感知，它是否在本土和異域都可以生長。幾乎一無所有的人，可以和富有的人一樣有效地運用感知。對於感知的尋求而言，蜂擁而起去追求休閒，既沒有基礎也沒有必要。

最後是第五個成分，即妥善的管理。透過投票而非用雙手進行自然資源保護工作的戶外活動者，是不會知道這個部分的。只有在具有感知力的人把管理藝術應用於土地上時，這部分才得以實現。也就是說，這種享受屬於那些窮得負擔不起休閒活動的土地所有人，以及具有敏銳目光和生態思想的土地管理人。購買風景參觀權的遊客，以及花錢請州政府或聘用下屬為其看管獵物的戶外活動者，完全忽視了這個部分。政府以公有經營取代私人經營的休閒地，卻在不知不覺中讓負責相關業務的公職人員，獨享了原來想要提供給公民的東西。從邏輯上講，我們這些林務官和狩獵管理者不應該為擔任管理野生產品的工作領取報酬，相反地，我們應該付錢才對。

農業界在某種程度上已經意識到，運用於作物生產的管理意識可能和作物本身一樣重要，但自然資源保護界尚未意識到這點。美國的狩獵者有些蔑視蘇格蘭荒原和德國森林中的集約型狩獵管理方法。他們在某些方面是對的，卻完全忽略了歐洲的土地所有者在這一過程中發展起來的管理意識。這種意識很重要，而我們尚不具備。當我們認定必須用補貼吸引人們種植森林，或用獵場收費權來吸引人們飼養獵物時，我們只是在承認，農人和我們自己都不了解荒野資源管理的樂趣。

科學家有一句警言：個體發生重複著種群發生。這就是說，個體的發展重複著種族的演化史。這在精神和物質方面都是正確的。尋求戰利品的人是再生的穴居人。尋求戰利品是年輕人或年輕種族的權利，沒必要為此歉疚。

當今令人不安的是，某些尋求戰利品的人永不成長，在他們身上，追求孤獨、感知和管理的能力尚未萌生，或者已經喪失。他們像機動化的螞蟻，還沒有學會觀察好自己的後院，就湧向各個大陸；他們只知消耗，卻從不會為戶外活動履行義務。休閒業的策劃者為這樣的人稀釋了荒野的價值，使戰利品人工化，同時篤信自己是在為大眾服務。

在休閒娛樂中尋求戰利品的人具有一些特性，這些特性會以微妙的方式促使他們的失敗。他們為了享受，必須占有、侵犯或盜用。因此，無法親眼看到的荒野對於他們是沒有價值的；因此，公認的觀點是：未經利用的偏遠地區對社會是沒有貢獻的。地圖上的空白之處對缺乏想像力的人來說，是沒有用的荒地；對具有想像力的人而言則是最有價值的地方（如果我永遠到不了阿拉斯加，那麼我在那裡所能享有的是否真的沒有價值？我是否真的需要一條道路，通向北極苔原、育空河的大雁棲息地、阿拉斯加棕熊及麥金萊山後面的綿羊草原）。

總之，低層次的戶外活動看起來會耗盡其資源基礎，而高層次的戶外活動至少可以在不去或極少量消耗土地與生命的前提下，在某種程度上創造出自身的滿足感。讓休閒過程有變質崩潰的隱憂就是：交通運輸發展了，人們的感知能力卻未得到相應的發展。發展休閒娛樂，並非是把道路修建到美麗的鄉野之中，而是要讓仍不夠美麗的人類心靈，有能力感知鄉野之美。

附錄Ⅰ：作者生平

奧爾多．李奧帕德（Aldo Leopold, 1887-1948）是美國著名生態學家和環境保護主義者，野生動物管理研究的始創者，現代環境倫理與荒野保護運動的先驅和社會活動家。

李奧帕德終生從事野生動物保護、林業資源管理、荒野保護和相關的研究工作，除了涉及林業保護、野生動物管理外，還包括土地荒漠化治理、水土保持、狩獵管理等方面。他是美國歷史上第一位野生動物管理學教授，擔任過美國林業工作者協會森林政策委員會主席，是美國荒野協會的創立者。

李奧帕德一生發表了大量論文，他把自己多年野外工作和林業管理工作的經驗與哲學、生態學、倫理學的觀點融合在一起，形成了有關自然倫理的新觀念。他在自然生態保存和環境倫理學方面的聲譽，至今少有人能與之媲美。

一八八七年，李奧帕德出生於美國愛荷華州伯靈頓市一個富裕的商人家庭，由於受喜歡打獵的父親和祖父的影響，李奧帕德在年少時就培養起了對大自然的興趣和對野外生活的熱愛。一九〇六年，李奧帕德成為耶魯大學林業專業的研究生，一九〇九年畢業後作為聯邦林業局的職員被派往亞利桑那和新墨西哥州擔任林務官，一九一二年出任新墨西哥州北部國家森林的監察官，之後一直在美國西南部從事森林管理和監督工作，直到一九二四年擔任威斯康辛州麥迪遜市的美國林業生產實驗室負責人。但是這個實驗室的主旨是要產生更高的林業經濟效益，而李奧帕德此時已經注意到野生資源保護不應只從經濟效益出發，而應尊重土地與自然環境。這種根本分歧終於使他在一九二八年離開美國林業局，開始依靠社會資助在美國各地從事野生生物考察。這標誌著他的觀念由之前的保護主義轉向生態學思想。

從一九三三年開始，李奧帕德任教威斯康辛大學農學院，並逐步形成了完整的土地生態倫理觀念。一九三五年，他與自然科學家羅伯特．馬歇爾一起創建了「荒野協會」，以保護日漸縮小的荒野大地與荒野上的自由生命為宗旨。

同年四月，李奧帕德在威斯康辛河畔購買了一處被人類耗盡資源後遺棄的沙地農場，此後的十三年裡，他每年種植上千棵樹以恢復農場的生態完整性，並在此從事與生態環保相關的觀察與研究。農場木屋的生活幫助他形成了對待土地與自然的高尚的倫理觀念。然而，不幸的是災難不期而至，一九四八年四月二十一日，李奧帕德鄰居的農場起火，李奧帕德在趕赴火場救火的途中，心臟病猝發逝世。

譯後記

文／李靜瀅　二〇一〇年四月二十五日

《沙郡年紀》是美國著名生態倫理學家李奧帕德的經典文集，他以優美靈動的文字描繪了廿世紀中期以前威斯康辛及美國南部各州的生態狀況，同時以嚴肅客觀的分析表達了對人與自然的關係、土地倫理、生態良知等問題的看法。李奧帕德終生為自然資源保護工作身體力行，直至一九四八年，在前去幫助鄰居撲滅農場大火時不幸去世，長眠於他所熱愛的大地。他在去世前一個多月整理出的《沙郡年紀》手稿遂成為留給世界的環保宣言。

一九三〇年代前，李奧帕德就已在撰寫有關生態保護的專業文章，並在一九四一年接受紐約諾普出版社的邀請，動手寫一部寓生態保護觀念於鄉野體驗之中的自然作品。然而這本書的編寫與出版經歷了曲折的過程，對文集的內容，以及自然描寫與價值論述在書中各自應占的比重，李奧帕德與編輯的意見一直無法統一，致使所提交的稿件多次被出版社拒絕。幾年間他不斷調整寫作內容，一九四八年四月的定稿被牛津大學出版社接受時，全書已由最初的以論述為主，轉為描述鄉野體驗的散文與生態理論闡釋的有效結合，或許恰是這樣的轉變才使這本書別具特色。

與台灣讀者更加熟悉的梭羅、繆爾等以自然寫作著稱的美國作家相比，李奧帕德的文筆毫不遜色。與之不同的則是，李奧帕德不僅強調自然的美學價值，更強調其生態價值。李奧帕德恰好生活在美國城市化空前發展的時代，因此更清楚地看到了人類無節制的開發會給生態環境帶來什麼不良惡果。與他同時代的大多數保護主義者，只是從實用主義的角度保護環境與野生動物，終極目的是為了持久開發和利用自然資源，使萬物生靈更好地為人類服務。李奧帕德則在多年的林業管理工作和野生動物考察中清醒地意識到，人類並非萬物的主宰，而只是生態體系的一員，因此不應從經濟角度去評估大自然的價值，更不應為了人類自身的利益影響甚至消滅其他物種。但在當時，能夠接受這種生態倫理觀的人並不多，因此他自稱是「少數派」。

李奧帕德希望藉由對自己親身經歷的描述，使讀者理解他的生態觀念。令人遺憾的是，他生前未能看到《沙郡年紀》的出版，而在半個多世紀後的今天，他的生態倫理觀念仍未深入人心或得到踐行，甚至沒有得到充分的理解。人類如今面對的是更大規模的開發和愈發嚴重的全球生態環境惡化，自然的物種正以駭人聽聞的速度從地球上消失。在人類的需求面前，所有的自然保護措施只是權宜之計。只要人們無止境地追求自身的享樂，主張人與自然和諧相處的環保主義者就將是「少數派」，並處於發言權的弱勢地位。正因為此，李奧帕德對於尊重自然熱愛土地、「適度地放下那些已過於泛濫的物質享受」的呼籲，時至今日仍然振聾發聵。

李奧帕德的手稿於一九四九年出版時分為三部分，第一部分是按月份排列成年記形式的散文，集中記錄了作者在自己的沙郡農場的所見所感，作者確定的書名就由此而來。第二部分敘述了作者在美國南部幾個州的經歷與思索，第三部分則是關於土地倫理和生態保護的論文。一九六六年出版的增訂本添加了《環河》一書中有關生態環境的隨筆，增加的隨筆被編排為全新的第三部分，初版的第三部分中的三篇隨筆成為增訂本的第四部分，但前兩部分均保留了初版時的原貌。李奧帕德認為人類應懷著謙卑之心平等地對待自然萬物，建立並遵循以生態平等主義為基礎的倫理道德，從而維護生態系統的完整和穩定。增訂本的編排更好地反映了這種倫理觀念。

這本書不僅是一部文學作品，也是科學論著，其價值體現在富有詩意的文字之中，也源於李奧帕德對自然之美的感性體認與對自然生態的理性思考。據此，我在翻譯以敘述與描寫為主的前兩部分，以及第三部分的最後兩篇散文時，力求以優美流暢的語言傳遞出原文那詩意濃郁的景物描摹以及綿長悠遠的思緒。而對於原著中以論述為主的文章，則更注重準確地闡述作者那種原始主義與整體主義的自然生態保護思想。

對於文中所涉及的一些重要人名和典故，我在譯文中以註腳形式進行了解釋。書中出現的大量動植物名稱，於書末一併附上中英對照表。在翻譯原書的專有名詞與概念時，我參考了侯文蕙和吳美真的譯本，在此要向兩位前輩表示誠摯的謝意。李奧帕德不僅是個環保主義者，更是對自然萬物深懷愛戀並充滿憂患意識的詩人與思想家。希望我的這部譯文能讓讀者在字裡行間依稀見到作者的音容笑貌，感受到作者廣博的心胸、松樹般正直的靈魂，也真心希望能有更多的人認真思索自然環境保護的問題，更多的人停下匆忙的腳步，想一想已有多久見不到藍天聞不到花香。

聆聽自然的聲音。紙上讀書會

整理／編輯室

【關於自然觀察】

1 請找出本書令你印象深刻／喜愛／感動的段落，它可能是一個句子，也可能是一整段；請你於團體中朗誦，並分享你的感受，以及文章帶給你的啟發和改變。

2 如果要帶著這本書在台灣旅行，請分享你會選擇哪一處地點？為何該地最能讓你對照並體會《沙郡年紀》的意境？

3〈優質橡木〉一文，作者說，「對歷史學家來說，鋸子、楔子和斧頭的不同功能，充滿了寓意。」一文中的伐木者如何透過這些工具，了解一棵樹的歷史？

4〈斧頭在手〉一文，作者認為「自然資源保護論者的定義……是用斧頭寫出來的」。這句話是什麼意思？仔細觀察，自然森林中的樹、城市的行道樹、經濟造林的樹，位於不同區位的樹，有怎樣不同的命運？你怎麼看人類利用樹木或與樹木相處的態度？

5〈大雁歸來〉一文，作者說「如果我們洞悉了大雁的一切，世界將是多麼乏味無趣啊！」本書十二個月份的紀事中，作者描述了加拿大雁、高原鷸……等候鳥的各種行為，請摘要書中提到候鳥對自然界貢獻有哪些？

6 台灣是東亞的候鳥驛站，擁有種類眾多的候鳥，你知道有哪些鳥是候鳥嗎？你觀察過哪些候鳥？牠們的棲地在哪裡？牠們在什麼季節展現了怎樣的行為？

7 山薺是開花植物中花朵最小的一種，作者在〈山薺〉一文形容它「僅僅是對希望的一個註腳」，只有趴在泥土裡尋找春天的人，才能發現山薺到處都是；它雖無足輕重，卻快速有效地完成自身使命。既然山薺如此微小，作者為何要特別描述它？

8 你是否也曾在野外注意到像山薺這類容易被忽略的植物？你可曾注意過你周邊的花草，每年第一次開花的日期？

9〈大果櫟〉一文，作者說，「當學校裡的孩子票選州鳥、州花或州樹時，他們並不是在做決定；他們只是在對歷史進行認可。」那麼，你覺得那一種植物、動物，最能代表你的城市？為什麼？

10 作者認為「我們對植物的偏好一部分源於傳統……同樣明顯的是，我們對植物的偏好不僅能反映出我們的職業，也能反映出我們的業餘愛好。」請分享你喜愛的樹、花或雜草，說說你對它們的領受。這些情感是否和傳統、文化連結有關？是否反映你的性向和喜好？

11 人類社會以「地籍登記」確認地主及其所擁有的土地；作者卻寧可在凌晨三點半到上午九點以前，實際出門觀察他的土地展現了什麼。在〈龐大的領地〉一文，作者從「拂曉時，在所有我走過的土地上，我是唯一擁有它們的人」一直寫到「世界又縮回到郡書記官所了解的那個狹小疆域」，在這之間他看見了什麼，讓他劃下了這個清楚的界限？

【關於荒野・野性】

1 梭羅說「野性蘊藏著世界的保存」，作者將之延伸為「野性蘊藏著世界的救贖」。作者所指的「野性」包括了自由野生的生靈、野地以及荒野；你認為作者這句話想要表達的意思為何？

2〈荒野〉一文，作者說「荒野是人類用以打造文明這一產品的原料」，為何荒野是人類創造多元文化與進取精神的基礎？

3〈像山一樣思考〉一文，被奉為守護荒野的圭臬。作者感歎：「當時我以為狼的減少意味著鹿的增加，沒有狼的地方就意味著獵人的天堂。在看到﹝狼眼中﹞那朵綠色火焰消失之後，我才明白，這樣的觀點不論是狼還是山都不會同意。」人們把狼撲殺後引起的後果是什麼？為什麼會如此？

4作者描述了獵人、鹿、狼和山的關係，並說「只有亙久存在的山，可以客觀地傾聽狼的嗥叫。」請整理出這篇文章的核心思想。

5在〈艾斯卡迪拉山的灰熊〉一文，作者描述人們為了畜牧牛群，殺死了山上最後一隻熊；但幾年後旅客來到這座山，朝拜的卻是已不復存的灰熊。作者表達了人類管理野生動物的盲點與矛盾，你認為最好的管理方法為何？

6請試試看「像台灣的山一樣思考」。台灣的山野沒有狼群，草食動物中，山羌只有黃喉貂這類的天敵，而水鹿這類大型鹿科動物幾無天敵，因牠們啃食森林草木，卻沒有天敵來制衡。你認為，透過狩獵方式來控制山羌或水鹿族群以減少森林資源的耗損，是正確的作法嗎？長遠來看，可能會產生什麼問題？

7在〈沼澤地的輓歌〉一文，作者指出，無論是經濟導向或保護導向，總難以避免「所有的荒野保護都是自我欺騙，因為，要想珍愛荒野，就必須凝視它、親近它；然而，經歷了過多的凝視與親近之後，也就沒有荒野可供珍愛了。」對此困境，你有何看法？你認為折衷的作法為何？

8 作者為何認為荒野的保存十分重要？據你所知，台灣哪些地區還有荒野存在？這些荒野提供了哪些功能？

【關於生態多樣性】

1〈偷渡者〉一文，作者提到北美草原被歐洲「旱雀麥」入侵，它引起什麼後果？隨著現代交通工具的發達，世界各地都發生了所謂「強勢外來種」入侵的問題。你知道台灣有哪些外來種的問題嗎？有什麼解決或避免的方法？

2〈大草原的生日〉一文，作者為何認為羅盤葵的消逝，也預告著大草原的喪鐘？羅盤葵對付大草原乾旱的戰略，為何重要？為何放牧地區圈養的牛群會使羅盤葵消失，而野牛卻能與之共生？

3 旅鴿曾經是北美普遍存在的物種，一九一四年最後一隻野生旅鴿遭射殺，宣告滅絕。在〈旅鴿的紀念碑〉一文，作者指出工業發展為人類提供了舒適的生活，卻常以犧牲物種來交換，「各種工業產品讓我們的生活更加舒適……但是，工業產品能像鴿子一樣為春天增添光彩嗎？」你同意因為進步或享受而犧牲其他的物種嗎？

4 上述這個難題，至今依然存在。例如台灣曾經普遍存在的石虎、水雉，這類的淺山生態系族群，因為道路開發、工業區發展、農作物量產……如今瀕臨滅絕。對此，你有何看法？

5〈加維蘭河之歌〉一文，作者指出「每條有生命的河流都哼唱著屬於自己的歌，然而，人類的不當行為帶來的不諧和音，早已破壞了大多數的河流之歌。過度放牧首先傷害了植物，然後破壞了土壤。之後，來福槍、陷阱和毒藥，滅絕了較大的鳥類和哺乳動物。而後，公園或森林裡出現了道路和遊人。修建公園是為了讓大眾聽到音樂，但是等到人們準備聽音樂時，那裡除了噪音已經不剩什麼。」作者在這段話要表達的意思為何？

6〈環河〉一文，作者說「純淨的農牧業確實也想恢復土壤，但它在達到這一目標的過程中只採用外來的植物、動物和肥料。它並不明白，最需要的是當初構建起這一地區土壤的本地動植物。穩定能夠由外來的動植物加以合成嗎？麻袋裡裝的化肥就足夠使土壤肥沃了嗎？」何以健康的土壤、平衡的生態，才能有自我恢復與循環的能力？

7作者說「我們每用一種人工培育的動植物替代野生動植物，或者每用一條人工水渠替代自然水流時，都會造成土地循環系統的重新調整。」「政府對我們說需要控制水患，並且把流經我們牧場的小溪截彎取直；工程師對我們說，小溪現在已能容納更多的洪水。但是在這期間，我們失去了古老的柳樹林。冬天的夜裡，再也不會有貓頭鷹在柳樹上啼叫；晌午時分，再也不會有牛在柳蔭下甩著尾巴趕蒼蠅。同時我們也失去了盛開著石竹花冠龍膽的小片沼地。」在台灣，你看過類似的事件發生嗎？可以談談或聽聽其他人這方面的觀察，並分析我們的生態曾為此付出的代價。

【關於土地倫理】

1在〈土地倫理〉一文中，作者質疑了希伯來先知亞伯拉罕的觀點，即認為「土地的存在是為了生產蜂蜜和牛奶」。作者提出的觀點，有何不同？他描述的土地和人與生物的關係，又是如何？作者提出「土地金字塔」的觀念，此處他所定義的「土地」包括了什麼？

2作者認為「土地是一個社群」；亦即，土壤、水、植物和動物，以及它們彼此之間的流動性關係，簡言之，就是一個完整的生態系。這生態系每一種生物與生態都屬於社群關係，共同組成。作者也認為，必須將人視為土地國的一份子，試著去「保存生物社群的完整、穩定和美感」，才是人類與自然的相處之道。你贊成作者的看法嗎？

3 當「土地使用的倫理規範仍然完全受到經濟上的利己主義所支配」，會造成哪些影響？例如，台灣農地使用、自然資源開發的議題，是否能單純只以「經濟上的利己主義」為前提？要如何在公共性、永續性上取得平衡？

4 作者將「改善道路、學校、教會和球隊」這類高於利己主義的義務，和「改善水土流失、保存農場風景的優美或多樣性」相提並論，並認為後者這種義務尚未被視為理所當然，你是否認同？

5 作者提出「土地倫理」與「生態良知」，並認為這些觀念「可以客觀地證明我們（人類）超越其他動物」，試申論之。

【關於自然保育】

1 在〈環河〉一文中，他說「我們尚未學會從小齒輪的角度思考問題。」這裡所指的小齒輪是什麼？因為忽視這些小齒輪，可能造成那些影響？

2 作者認為在美國，甚至一些大齒輪的保護（例如集體的、大範圍的、政策性的荒野與自然保護措施）也並不理想。請你以台灣為例說明有哪些類似的措施？你覺得有哪些待改善之處？

3 作者認為當下「沒有界定對錯，沒有指明義務，不號召人們付出，也不主張改變當前的價值哲學」

的「自然資源保護教育」，會有什麼問題呢？你認為該如何加強台灣的環境教育內容？

4「自然資源保護教育必須樹立的，就是支撐土地經濟學（Land Economics）的倫理支柱，以及整個世界對於了解土地機制的渴望。」若僅將土地視為賺錢的工具，會產生什麼問題？我們該如何對待土地，才能符合環境倫理、世代正義？

5〈美國文化中的野生動植物〉一文，作者認為「在能使我們重新接觸野生世界的戶外運動、習俗和體驗中，都可以找到文化上的價值」，他並將之分成三種價值。請找出這三種價值，並分享你的經驗。

6〈自然環境保護美學〉一文，作者討論人們的休閒行為，他認為與其不斷把道路開到美麗的鄉野，更應發展的是哪些能力？你自己的經驗中，這些能力該如何培養？

7作者認為「感知的能力」才是戶外休閒具有創造性的部分。你有過哪些接觸自然的經驗，讓你有深刻的體會和感動？你從中看見或獲得了什麼？

8作者認為「自然史的研究既是娛樂也是科學」。台灣現在有很多業餘的自然觀察家，你不妨找一些人來訪問，請對方談談他們對這個觀點的看法？他們有哪些經驗可以驗證作者的這個想法？他們用什麼方式，讓自然觀察的娛樂也充滿科學性？

9在〈大自然的歷史〉一文中，作者提出一個問題：「當很多人已然忘記土地的存在，當教育和文化幾乎完全脫離了土地，怎樣才能讓人們為了與土地的和諧共生而奮鬥。」回應到台灣社會的現況，你認為你自己與你身邊的朋友，可以怎麼嘗試做出改變？

——本文特別感謝環保記者廖靜蕙、執行編輯唐炘炘的協助

附錄 II：本書動植物名稱・中英對照

【一劃】
一枝黃花 goldenrod

【三劃】
兀鷲 condor
土撥鼠 marmot
大角羊 mountain sheep
大果櫟 bur oak
大戟 spurge
小酸模 sheep sorrel
小檗 barberry
山毛櫸 beech
山核桃 hickory
山茱萸 dogwood
山雀 chickadee
山楂 hawthorn
山貓 lynx
山薺 draba

【四劃】
反嘴鷸 avocet
天竺葵 geranium
毛足鵟 rough-legged hawk
水竹草 spiderwort
水晶蘭 Indian pipe
水獺 otter

【五劃】
主紅雀 cardinal
丘鷸 woodcock
冬青 holly
加拿大山茱萸 bunchberry
加拿大馬鹿 elk
加拿大燕鷗 forster's tern
北美狗魚 muskellunge
北美側柏 white cedar
北美短葉松 jackpine
北美馴鹿 caribou
北美靛藍 baptisia
半蹼白翅鷸 willet
田鷸 snipe
白尾鹿 whitetail
白松 white pine
白眉歌鶇 redwing
白喉林鶯 whitethroat
白楊，北美白楊 cottonwood
白頭翁花 pasqueflower
白櫟 white oak
白鷺 egret
矛隼 gyrfalcon
矢嘲鶇 thrasher
石竹花冠龍膽 fringed gentian
石松 lycopodium
石南灌叢 heath

【六劃】
冰草 wheatgrass
地松鼠 ground squirrel
早熟禾 bluegrass
曲萼茶 Jersey tea
灰毛紫穗槐 leadplant
灰噪鴉 whisky-jack
百脈根 trefoil
羽扇豆 lupine
艾草 sagebrush
西谷椰子 sago
冷杉 fir
折瓣花 shooting-star
旱雀麥 cheat grass, downy cheat
沙丘鶴 sandhill crane

【七劃】
伯勞 shrike
決明 coffeeweed
角鴞 screech owl
赤楊 alder

【八劃】
乳草 milkweed
夜鷹 nighthawk
拂子茅，加拿大拂子茅 bluejoint
披肩榛雞 ruffed grouse
拖鞋蘭 lady's slipper

林奈花 twin flower
林鴛鴦 wood duck
松鼠 squirrel
泥色雀鵐 clay-colored sparrow
泥蔭魚 mud minnow
河狸 beaver
牧豆樹 mesquite
狐色帶鵐 fox sparrow
花椒，美國花椒 prickly ash
金光菊 coneflower
金絲雀 goldfinch
冠藍鴉 blue jay

【九劃】
苦茄 bittersweet
厚嘴鸚哥 thick-billed parrot
哈密瓜 cantaloupe
垂穗草 sideoats grama
帝啄木 imperial woodpecker
星鴉 nutcracker
柿樹 persimmon
柏樹 cypress
柳穿魚 linaria
洋楊梅 arbutus
洋槐 locust
皇后喜普鞋蘭 showy lady's-slipper
看麥娘 foxtail
秋沙鴨 merganser
秋海棠 begonia
紅杉 redwood
紅豆杉 yew
紅松鼠 red squirrel
紅花半邊蓮 cardinal flower
紅樺 river birch
紅頭美洲鷲 (turkey) buzzard
美洲豹 jaguar
美洲隼 sparrow hawk
美洲獅 cougar
美洲潛鴨 redhead
美洲鶴 whooping crane
美國大山貓 bobcat
美國赤松 red pine
美國落葉松 tamarack
美國鵝掌楸 tulip poplar
胡瓜魚 smelt
胡枝子 bush clover, lespedeza
苦苣菜 sowthistle
茄屬植物 nightshade
苜蓿 clover
郊狼 coyote
風鈴草 bluebell
香蕨木 sweet fern
柘樹 bois d'arc

【十劃】
原野雀鵐 field sparrow
姬鷸 jacksnipe
旅鴿 passenger pigeon
旅鶇 (American) robin
栗樹 chestnut
格蘭馬草 grama grass
海百合 crinoid
海豹 seal
海雀 auk
秧雞 coot
粉蛾 miller
臭鼬 skunk
草地鷚 meadowlark
草原苜蓿 prairie clover
草原榛雞 prairie chicken
馬唐 crabgrass
高原鷸 upland plover
鬼臼 mayapple
浣熊 raccoon
草原土撥鼠 prairie dog

【十一劃】
匐雪草 sandwort
婆婆納 veronica
彩鶉 mearns's quail
梓樹 catalpas
梧桐 sycamore
梭魚草 pickerelweed
淡水螯蝦 crayfish
深藍色林鶯 cerulean warbler
羚羊 antelope
羚梅 bitterbrush
莎草 sedge
莞草 bulrush
荸薺草 eleocharis
蚯蚓 angleworm
野菜豆 wild bean
野葛 poison ivy

野豌豆 vetch
雪雁 snow goose
魚鷹 osprey
鹿虻 deerfly
鹿鼠 deermouse
鹿蹄草 pyrola
麥長蝽 chinch bug
麻雀 sparrow

【十二劃】
斑背潛鴨 bluebill (duck)
斑翅鷸 willet
斑鳩菊 ironweed
棕熊 grizzly
棕櫚鬼鴞 saw-whet owl
棉尾兔 cottontail
渡鴉 raven
短葉紫杉 mountain mahogany
紫丁香 lilac
紫苜蓿 alfalfa
紫翅椋鳥 (European) starling
紫荊 redbud
紫草 puccoon
紫菀 aster
紫衛矛 wahoo
象鼻蟲 weevil
貂 marten, mink
雲杉 spruce
黃色林鶯 yellow warbler
黃腳鷸 yellowlegs
黃褐森鶇 wood thrush

黃樺 yellow birch
黃鸝 oriole
黑莓 blackberry, bramble
黑腹翎鶉 gamble's quail
猯豬 javelina
黑臉田雞 sora rail

【十三劃】
圓柏 juniper
慈姑 sagittaria
榔榆 Chinese elm
楊樹 aspen
楊樹 poplar,popple
榆樹 elm
溝酸漿 mimulus
矮桂樹 leatherleaf
碎米薺 cardamine
葉蜂 sawfly
萵苣 lettuce
葡萄胸鴨 American widgeon
號手天鵝 trumpeter swan
遊隼 duck hawk, peregrine
雉雞 pheasant
鼠尾草 sage
鼠尾粟 sporobolus
塍鷸 godwit
椴木 basswood

【十四劃】
榛樹 hazel
榛雞 grouse

歌帶鵐 song sparrow
漏蘆草 russian thistle
熊莓 bearberry
福祿考 phlox
綠嘴黑鴨 black duck
綠頭鴨 mallard
綠鵙 vireo
維吉尼亞秧雞 virginia rail
維吉尼亞櫟 live oak
蒲公英 dandelion
蒼鷹 northern goshawk
酸模 sorrel
魁克麥草 quack grass
鳳仙花 balsam, jewelweed

【十五劃】
歐洲赤松 scotch pine
潛鳥 loon
箭木闊苞菊 cachanilla, arrowweed
蔓越莓 cranberry
蝶鬚 antennaria
蓼 smartweed
鳾 nuthatch

【十六劃】
豬草 ragweed
豬籠草 pitcher plant
橫斑林鴞 barred owl
樹雀鵐 tree sparrow
橡樹 oak
澤鵟 marshhawk

澤蘭 dogfennel
澤蘭 joe-pye weed
燈草鵐 junco
燕鷗 tern
糖槭 sugar maple
蕨 fern
貓頭鷹 owl
靛藍彩鵐 indigo bunting

【十七劃】
龍舌蘭 mescal
戴菊 kinglet
穗花薄荷 pennyroyal
鮭魚 salmon
鴴鳥 plover

【十八劃】
繡線菊 spiraea
鵜鶘 pelican

鶪鵐 towhee

【十九劃】
藍翅黃森鶯 prothonotary warbler
藍翅鴨 blue-winged teal
藍莓 blueberry
藍頭松鴉 pinyon jay
藍鶇 bluebird
雙領鴴 killdeer
鯉魚 chub
羅盤菱 silphium
鯨魚 whale
鵪鶉 quail
鯔魚 mullet
鵰鴞 horned owl
鶇 thrush

【二十劃以上】
懸鉤子 dewberry

蘭花 orchid
蠣盾介殼蟲 oyster shell scale
蠟嘴雀 grosbeak
鐵杉 hemlock
鶴 crane
麝田鼠 muskrat
囊萼花 dragonhead
囊鼠 gopher
鬚芒草 bluestem
鷓鴣 partridge
鷗 gull
纓耳松鼠 tassel-eared squirrel
鷦鷯 wren
鷺鳥 heron
鱥魚 minnow
鸊鷉 grebe
驢鹿 burro deer
鱸魚 bass
鸕鶿 cormorant

本書專有名詞引自以下網站：
【專有名詞、地名、動物名】國家教育研究院／雙語詞彙、學術名詞、辭書資訊網
【魚類】中研院／世界魚類資料庫
【植物】中研院／台灣本土植物資料庫
【鳥類】台北鳥會／世界鳥類名錄中文鳥名
【中文字】教育部／重編國語辭典修訂版

沙郡年紀
像山一樣思考，荒野詩人寫給我們的自然之歌【自然經典系列】(二版)
A Sand County Almanac and Other Writings

作　　者　奧爾多・李奧帕德 Aldo Leopold
譯　　者　李靜瀅
審　　譯　唐炘炘、蔣慧仙
繪　　者　吳淑惠
封面設計　莊謹銘
內頁版型　高巧怡
行銷企劃　蕭浩仰、江紫涓
行銷統籌　駱漢琦
業務發行　邱紹溢
營運顧問　郭其彬
果力總編　蔣慧仙
漫遊者總編　李亞南

出　　版　果力文化／漫遊者文化事業股份有限公司
地　　址　台北市103大同區重慶北路二段88號2樓之6
電　　話　(02) 2715-2022
傳　　真　(02) 2715-2021
服務信箱　service@azothbooks.com
網路書店　www.azothbooks.com
臉　　書　www.facebook.com/azothbooks.read
發　　行　大雁出版基地
地　　址　新北市231新店區北新路三段207-3號5樓
電　　話　(02) 8913-1005
訂單傳真　(02) 8913-1056
二版一刷　2024年3月
定　　價　台幣420元

ISBN　978-626-97185-9-7

國家圖書館出版品預行編目 (CIP) 資料

沙郡年紀：像山一樣思考，荒野詩人寫給我們的自然之歌 / 奧爾多. 李奧帕德(Aldo Leopold) 作；李靜瀅譯. -- 二版. -- 臺北市：果力文化出版；新北市：大雁出版基地發行, 2024.03
面；　公分
譯自：A Sand County almanac and other writings
ISBN 978-626-97185-9-7(平裝)
1.CST: 自然史 2.CST: 生態學 3.CST: 自然保育 4.CST: 美國
300.852　　113000239